极地冰区限制水域
海洋结构物水动力学

李志富　石玉云　著

科学出版社

北　京

内 容 简 介

极地地区地理位置特殊、资源丰富，全球变暖使极地航道有望成为重要的国际运输干线，极地船舶与海洋结构物的设计研发工作需要更深入的基础研究。本书以势流理论为基础，基于流域分解法，利用边界元法，以单冰间航道、多冰间航道、非冻结港口、冰层覆盖冻结港口四种典型极地冰区限制水域为例，进行了极地冰区限制水域海洋结构物水动力、波动模拟匹配计算方法的深入研究与介绍，旨在为极地冰区水动力学研究提供相关理论依据，使读者对典型极地冰况下浮体极地航道港口的水动力载荷求解方案有所掌握，为极地作业海洋结构物的设计制造提供坚实技术支撑。

本书主要面向船舶与海洋工程相关专业的学生、科研人员与船舶企业员工等。

图书在版编目（CIP）数据

极地冰区限制水域海洋结构物水动力学/李志富，石玉云著. —北京：科学出版社，2023.2
ISBN 978-7-03-074374-9

Ⅰ. ①极… Ⅱ. ①李… ②石… Ⅲ. ①极地–海洋工程–工程设备–水动力学–研究 Ⅳ. ①P75

中国版本图书馆 CIP 数据核字（2022）第 248480 号

责任编辑：许 蕾/责任校对：樊雅琼
责任印制：张 伟/封面设计：许 瑞

科 学 出 版 社 出版
北京东黄城根北街 16 号
邮政编码：100717
http://www.sciencep.com
北京中石油彩色印刷有限责任公司 印刷
科学出版社发行 各地新华书店经销
*
2023 年 2 月第 一 版 开本：720×1000 1/16
2023 年 2 月第一次印刷 印张：9 3/4
字数：200 000
定价：99.00 元
（如有印装质量问题，我社负责调换）

前　　言

　　冰区船舶与浮式结构物在冰区航道或港口作业时，海冰在流场脉动压力作用下发生弹性变形，产生行进弯曲重力波。而浮体扰动流场引起的重力波传播至冰层覆盖流域，色散关系发生改变，波浪能量会部分反射，往返作用于浮体自身，进而影响船舶安全性；港口自身存在固有频率，在港口固有频率附近出现剧烈水波振荡，易对浮体、港口造成损伤。因此本书针对单冰间航道、多冰间航道、非冻结港口、冰层覆盖冻结港口四种典型冰区流域，基于势流理论，利用流域分解，分别深入开展流域速度势在这些流域内的数学推导与匹配求解工作，从而为冰区船舶水动力与波动模拟计算提供有效技术手段，为冰区船舶设计应用提供重要基础研究资料。

　　针对一般性冰水共存流场，本书给出满足冰水共存流域基本方程，给定自由面流域边界条件，针对海冰覆盖流域，基于弹性薄板理论，简要推导海冰边界条件。利用分离变量法，对自由面流域与海冰覆盖流域速度势进行垂向展开，建立对应域内色散方程，分析冰水两种不同色散方程波数根。针对流域上边界条件不均一性，提出了流域分解，为具体冰区流场提供预处理。

　　针对二维单冰间航道浮体水动力问题，本书将复杂的二维冰间航道浮体水动力问题分解为中间二维自由面流域问题、两侧二维海冰覆盖流域问题，避免了冰水共存流域 Green 函数的烦琐推导。建立海冰覆盖流域速度势本征函数级数式，基于 Green 第二公式，计入二维海冰边界条件与冰边缘条件影响，推导建立了海冰覆盖流域边界积分方程。基于 Green 第三公式，利用 Green 函数建立了自由面流域速度势积分式。通过满足子域速度势在交界线上的连续性条件，实现了二维单冰间航道内任意横切片形状结构物水动力匹配求解与分析。

　　针对二维冰区多航道波动问题，本书基于多航道之间相距较远的假设，提出了近似解法，利用单冰间航道基本解、水波与单侧半无限长冰基本解，分别推导建立了两种多冰间航道水波散射匹配计算算法，避免了利用直接计算方法对于多航道水波模拟的冗长求解，实现了二维任意冰层分布多航道波动模拟问题的快速精确计算与分析。

　　针对三维任意形状无冰港口浮体水动力问题，本书将整个流域问题分解为港口内外两个子域，通过引入三维自由面 Green 函数与镜像 Green 函数，辅以外域速度势分解处理技巧,构造了无海岸线无穷面积分的边界积分方程,实现了浮体在三维任意形状自由面港口内水动力匹配数值求解与分析。

针对三维任意形状冰层覆盖港口水波散射问题,本书沿用无冰港口流域分域技巧,将复杂的水波、海冰与港口耦合问题,分解成了内域冰层覆盖港口与外域开敞水域两个问题。本书针对海冰覆盖流域,用三维本征函数级数式表征海冰覆盖流域速度势,通过 Green 第三公式与 Green 函数,建立了海冰覆盖流域边界积分方程,并通过引入正交内积公式,处理了冰域内本征函数非正交性、港口固壁与海冰相交边缘边界条件、匹配条件等难点问题,实现了三维海冰覆盖港口内的水波散射求解与分析。

本书针对冰区限制水域浪流传播演化及海洋结构物水动力理论模型与分析方法展开介绍,研究工作及出版受到国家自然科学基金项目"多尺度海冰耦合流场中浮式平台水动力特性与共振响应机理研究"(基金编号:52071162)、"半无限延展弹性冰层限制的冰区航道内船舶与水波共振机理研究"(基金编号:51709131)和"覆冰港口内流体运动特性及其与港内船舶共振响应机理研究"(基金编号:52101315)的资助,在此表示深深的感谢。

冰区水动力学是个高速发展的领域,理论及数值方法等在不断创新,书中难免存在疏漏与不足,恳请读者提出宝贵意见。

目　　录

扫码查看本书彩图

第1章 绪 论

1.1 研 究 背 景

近年来，全球气候变暖，对极地冰层影响较大，引起海冰的大量融化。如图 1.1 所示，根据美国国家航空航天局(NASA)发布的 1979～2019 年北极冰层变化报告可知，这 40 年来，极地整体每年的最大冰层覆盖面积随时间的增加而振荡减小。冰层覆盖面积的逐步减少，在影响极地生物多样性、给人类带来前所未有挑战的同时，也使得大家把更多的目光投向了冰区航道的研究，其主要原因如下。

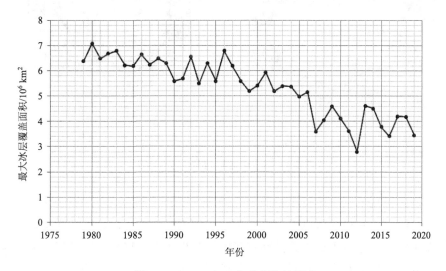

图 1.1　1979～2019 年北极海冰变化

第一，极地地区的自然资源储量极为丰富。据美国地质调查局勘探统计，极地地区约有全球 13%的石油储量、30%的天然气储量以及 9%的煤炭储量未开发[1]。我国作为发展中国家，且属于人口大国，对自然资源的需求缺口依然较大。而海冰的消融与重新组合，以及破冰船与其他极地装备的开发使用，使得我们通过冰区航道，合理开发和运输极地资源的可能性大大提高，因此，冰区航道作业装备性能的研究对我国经济发展具有重要意义。

第二，由于海冰厚度和覆盖面积的不断缩减，北极航道的开辟与良好运行可行性与经济性也更值得关注[2]。据统计，利用破冰船等设备在极地开辟的冰区航道，与传统航道(如巴拿马运河航线、苏伊士运河航线)相比，将大大缩短整个航程，进而形成联系亚欧美三大洲最短航线[3]。例如，荷兰鹿特丹港—日本横滨港，传统航道从苏伊士运河走，全程 11200 海里，如果走北极航道，则全程可缩减为 6500 海里(图 1.2(a))；荷兰鹿特丹港—美国西雅图港，传统航道从巴拿马运河走，全程 9000 海里，如果走北极航道，则可缩减至 7000 海里(图 1.2(b))。因此北极航道的开发利用，将会大大降低航运经济成本。

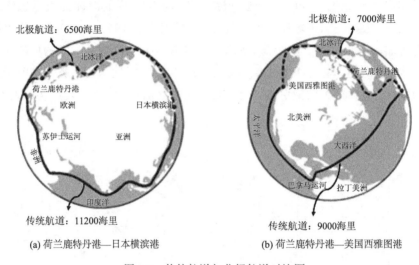

(a) 荷兰鹿特丹港—日本横滨港   (b) 荷兰鹿特丹港—美国西雅图港

图 1.2 传统航道与北极航道对比图

第三，极地地区地理位置特殊，北极地区以北冰洋为中心，周围濒临亚洲、欧洲、北美洲，南极地区以南极洲为中心，周围濒临太平洋、大西洋、印度洋。连绵覆盖的极地冰层可提供天然而优越的隐蔽性条件，极地地区必然成为关系国家利益的"战略新疆域"。因此，对冰区航道装备水动力与水波特性方面进行深入的基础研究十分必要，可为我国建设海洋强国提供极为重要的技术保障。

此外，近年来我国国家发展政策对极地航道港口方面更加重视。2017 年 4 月，在习近平主席访问芬兰期间，双方提出加强北极事务合作。2017 年 7 月，中俄两国提出要开展北极航道合作，共同打造"冰上丝绸之路"。2018 年 1 月，我国发布了首份北极政策文件《中国的北极政策》白皮书，指出中国愿与各方共建"冰上丝绸之路"。这意味着冰区航道港口的顺利运行与维护至关重要，有利于国际之间政治、经济、文化等多方面的交流与互惠。

在此大背景之下，冰区水动力研究具有极为重要的战略意义和经济价值。

　　然而，极地船舶与结构物在冰区航道港口之中，所处的极地冰况是较为恶劣的。除了考虑风、浪、流的作用之外，影响其运动性能的重要因素之一还有极地的海冰。大面积海冰在流场脉动压力的作用下会发生弹性变形，从而产生行进弯曲重力波。对于极地航道(图1.3)，当浮体扰动流场引起的重力波传播至冰层覆盖流域时，色散关系发生改变，波浪能量会部分反射，进而往返作用于浮体自身，对船舶运动带来巨大影响。对于港口，由于港口内水域受限制，港口自身存在固有频率，导致在港口固有频率附近会出现剧烈的水波振荡，严重影响人员舒适性，威胁船舶、港口航道安全性。而港口内海冰的存在(图1.4)，使得整个水波、冰、结构物多耦合作用问题更为复杂，研究更为困难。

图 1.3　雪龙 2 破冰之后形成的航道

图 1.4　德国 Borkum 冰层覆盖港口航拍

因此，本书拟针对极地船舶与结构物在一些典型冰区航道港口处与海冰的相互作用问题，建立冰间航道内浮体运动计算模型，构造多冰间航道水波散射模型，构建极地非结冰港口浮体运动计算模型，建立冰层覆盖港口水波散射数值模型，旨在实现典型冰况下极地航道与港口内浮体运动与水波散射的准确数值模拟。本书通过自主编制开发的极地航道与港口浮体运动与水波散射数值模拟程序，深入探讨了这些典型极地航道港口环境下结构物水动力与水波散射现象与机理，以期为极地船舶与结构物设计的运动与载荷评估，提供重要理论依据和技术支撑。

1.2　国内外研究现状

水波作用下的浮体或结构物水动力与水波散射数值计算方法的发展，与计算机技术的不断更新有极为密切的关系。经过多年发展，涌现出众多优秀的方法，如边界元法(BEM)、有限元法(FEM)、计算流体力学法(CFD)、无网格法(SPH)等，这些方法在自由表面波与结构物相互作用中逐步得到广泛应用。通常我们研究的自由表面波是指海水与空气直接接触情况下的波。国内外学者在自由表面波与结构物的相互作用上做了大量的工作[4-12]，这一领域的研究相对较为成熟。相比于开敞水域(即自由面流域)，对于覆盖海冰情况下，水波、海冰与结构物的相互作用研究还处于比较初步的阶段。因此，本节主要从水波、海冰相互作用，水波、海冰与结构物相互作用两个方面进行研究现状的阐述。

1.2.1　水波、海冰相互作用

1.2.1.1　海冰的分类和特征

在极地冰区流域，海冰对流场有着不可忽视的影响。由于极地气候环境变幻莫测，海冰呈现多种类型，如图 1.5 所示，包括但不限于莲叶冰(pancake ice)、碎冰(brash ice)、浮冰(floe ice)、冰间湖(polynya)、冰脊(ice ridge)、冰山(iceberg)等多种形式[13,14]。当海水温度低于-2℃，海洋表面会逐渐产生冰晶体，这些冰晶体快速地凝聚，在海面形成一层薄薄的冰皮，这就是新冰。新冰厚度相对比较薄，在海洋各种环境因素作用下，新冰会迅速破碎，进而生成各具形态的莲叶冰。这些新冰与莲叶冰会重聚，进而形成相对稳定、表面相对坚固的冰层，这就是当年冰。当年冰由于受诸多因素(如气温、洋流、地表径流等)影响，每年会融化与重新冻结，在海洋环境的作用下，经过多年的累积变化逐渐转变为多年冰。

(a) 莲叶冰   (b) 碎冰   (c) 浮冰

(d) 冰间湖   (e) 冰脊   (f) 冰山

图 1.5　海冰多种类型举例

极地环境极为复杂，形成了多种尺度大小的海冰。一种分类方法是将海冰分为 0.001m 到 0.1m 之间专注于冰晶结构特征的细观尺度，0.1m 到 10m 左右的海冰模型试验尺度，1m 到 100m 之间的海冰与船舶、结构物耦合作用的结构尺度，10m 至 10km 之间的重叠、堆积的浮冰尺度，以及超过 100km 的地球物理尺度[15]。另一种较为粗放的分法是把海冰分成小、中、大三种尺度，其尺度大小分别对应 1km 以内、1~10km、大于 10km[16]，小尺度海冰根据冰的形态和具体需求会进一步细化分类。一般来说，对尺度较小的海冰(如碎冰)的研究主要注重于冰之间的碰撞，冰的断裂、破碎、堆积等物理现象；对于尺度较大的海冰冰层，多认为冰层是各向同性、连续的，多关注冰层对整片水域流场的影响。

如图 1.6 所示，常见的冰区环境可以划分为：连续冰层(ice sheets)，多为平整冰，在北极尤其是北极中心地带较为常见；海冰边缘区(marginal ice zone，MIZ)，该区域由靠近开敞水域的浮冰组成，浮冰多呈饼状，波浪的作用使得海冰破碎成为离散的浮冰，这些离散浮冰聚集在一起，成为海冰边缘区。波在海冰边缘区冰面以下的传播是一个复杂的过程，因该区域内部含有庞大的浮冰群。接近海冰边缘区，强度逐渐增大、峰值周期逐渐减小的波浪，会使海冰边缘区的冰再次破碎，形成复杂的冰水流场。沿海冰边缘区深入，存在巨大的浮冰，波浪在其下以弯曲重力波的形式传播，在遇见各种冰间湖通道或者冰脊时不断耗散能量。在风浪作用下，连续冰层之下产生新的波浪能量，这些能量相对比较小，但是海冰也会绕过这些碎冰、浮冰边界，填满北冰洋和南极大陆陆地的港口或入口[17]。经过长年累月的积累，这些海冰层变得非常厚。在一般情况下，只有当地的春天受暴风的影响或者夏天，冰层厚度才会有所变小，或者碎成单块浮冰。此外，浮冰的作用放大了开敞水域下短周期波能谱分量，因此浮冰的应变能谱通常比开敞水域的要宽。

图 1.6　连续冰层–海冰边缘区

Robin[18]和 Squire[19]经过实地观测指出，不管是连续冰层，还是裂缝、冰间湖、冰脊，或是离散浮冰，冰下均存在波浪传播。海冰层会导致水波能量以弯曲重力波的形式在冰层以下继续传播。波浪从远处开敞水域传播至冰层覆盖流域的过程中，在海冰作用下发生弯曲变形。而由于海冰的存在，色散关系发生改变，波浪能量会发生部分反射与部分透射，波浪经过海冰边缘时，短波被阻挡，进而引起波浪整体能量的耗散。不仅如此，波浪还会导致海冰的破碎，该现象在海冰边缘区比较常见。波浪在冰层以下传播，会引起冰层下的波浪在海冰区的振荡弯曲，削弱海冰强度，并在海冰中形成应力应变，如果应力足够大，会造成海冰的断裂、破碎等[20,21]，在冰的最小尺寸限制下，引起海冰边缘区的变化，最终使该区域达到稳态[22]。波浪对连续冰层的破坏也是不可小觑的，会迫使平整冰层产生裂缝，在风和洋流的作用下，裂缝进一步开裂成为冰与冰之间的通道，更严重的会造成整个连续冰层的消亡[23]。图 1.7 和图 1.8 分别为典型的冰区环境作用下形成的单侧冰层覆盖域和冰间航道。波浪还会影响海冰的生长，进而影响海冰成熟时的最终状态，该现象常见于冬季的南大洋[24,25]。由于气候变暖，剧烈的暴风在海洋中变得较为常见，其产生的高幅值波浪会使冰层加速破碎成碎冰，变得更像开敞水域，Comiso[26]、Rothrock[27]、Wadhams[28]均观察到了这种现象。

图 1.7　单侧巨大冰层覆盖域

图 1.8　冰间航道

1.2.1.2　水波与海冰相互作用研究进展

在研究过程中，我们期望能建立接近真实冰层的模型，研究冰脊、冰裂缝、冰层开裂后形成的航道、冰层厚度的突变等在风浪流作用下形成的各种冰的状态，以及冰反作用于水波的影响。但是，基于海洋环境的多变复杂性、海冰形状与结构的多样性，在进行基础研究时，都需要对海冰进行一定的模型简化处理。目前，国内外主要采用的几种海冰模型是：质量点模型[29]、黏性层模型[30]、弹性板模型[14]以及黏弹性板模型[16]，其中，质量点模型将海冰当成由一系列质量点组成的连续体，在海冰变形过程中，不考虑质量点之间的相互作用；黏性层模型是将海冰模拟成一层黏性流体，而流场则一般采用基于无黏假设的势流理论来进行求解；弹性板模型则是将海冰当成弹性板覆盖于海面；黏弹性板模型则在弹性板模型的基础上，引入了黏性对海冰弯曲变形的影响[31]。对于水波、海冰之间的相互作用，其研究最早可以追溯至 19 世纪,Greenhill[32]提出使用弹性薄板梁构建漂浮于水面以上的海冰,并且基于该 Euler-Bernoulli 梁理论,推导出了相应的色散方程。此后,在 Euler-Bernoulli 梁理论基础之上,作为梁到板的扩展,Ewing 等提出 Kichhoff-Love 板理论,并与试验进行了对比论证,验证了该理论的高度准确性[33,34]。海冰层(也叫冰盖)作为海冰种类的一部分,由于弹性起到极为重要的作用,将海冰层构建为弹性板是非常有必要的,这也是本书研究的先决条件。此外,饼状冰、碎冰以及冰山等这类冰特征尺度小,在研究过程中弹性起到的作用相对较弱。因此 Greenhill 提出的弹性模型在海冰层与水波的相互作用中实用性较强。

Evans 和 Davies[35]引入 Wiener-Hopf 法,对入射波经由有限水深的半无限长冰层进行反射与透射研究,他们推导了 Wiener-Hopf 求解算法,但是算法公式复杂程度与计算机运算能力限制了实际应用。Fox 和 Squire[36]利用本征函数展开法(matched eigenfunction expansion,MEE),分别表征开敞水域与冰层覆盖以下流场速度势,定义最小误差函数,将共轭梯度法应用于交界面连续性条件与海冰边缘条件,研究了在迎浪入射波作用下波浪与单侧半无限长冰的相互作用问题,其中海冰被视作一块连续的、均一厚度的弹性薄板。与以往早期 Wadhams 等[25,37]的求解方法不同,文献[37]中速度势在开敞水域和冰层覆盖流域交界面上沿水深方向进行了全匹配,进而得到水波经过半无限长冰层的反射与透射系数,该文献首次定量分析得到计及本征函数衰减级数对反射和透射的影响。之后,Fox 和 Squire 将该方法扩展应用至斜浪入射波作用下,研究波浪在半无限延展冰层边缘区的散射特性,指出当水波由开敞水域向冰层覆盖流域传播时,波浪能量会有部分被反射的现象[38]。随着波浪频率的增加,波浪几乎被全部反射,即透射系数趋近于零。当波浪入射角大于一定临界值后,波浪被全反射至开敞水域。Barrett 和 Squire[39]等利用同样的本征函数展开,引入 Cholesky 分解进行了约束优化,并扩展应用至完全冰层覆盖问题。Sahoo 等[40]在处理连续性条件时引入了正交内积公式,研究了半无限长冰层的三种海冰边缘条件。Teng 等[41]对 Fox 方法与 Sahoo 方法进行了优化。Sturova[42]使用本征函数展开法,对两块组合在一起的连续冰层进行了研究,考虑了两块不同杨氏模量冰的影响。

随着计算机技术的发展以及后来学者的不断探索,后期 Balmforth 和 Craster[43]、Chung 和 Fox[44]、Tkacheva[45,46]等对 Evans 和 Davies[35]早期提出的 Wiener-Hopf 方法做了一定的改进。其中,Balmforth 和 Craster[43]利用 Timoshenko 厚板理论,考虑了转动惯量与板剪力影响,并采用 Fourier 和 Wiener-Hopf 积分变换法,推导得到了对应的解析解。通过对定解条件进行无量纲化处理后,对无量纲参数典型变化范围展开分析发现,与弹性厚板理论相比,弹性薄板理论已能较好描述与模拟海冰的动力学特性，这为应用弹性薄板理论进行水波与海冰的相互作用研究提供了坚实基础。

除了本征函数展开法与 Wiener-Hopf 法之外，Linton 和 Chung[47]提出了复变函数残差法求解半无限长冰层。该方法起先用于刚性板漂浮在水面问题求解。有限长度修正项的引入(满足无穷线性方程组)使得方程呈指数收敛。计算频率范围内，反射系数误差最大值控制在百分之一以内，当冰长度与水深的比值大于 1 时，比值越大，精度越高。

针对有限尺度的海冰，学者亦开展了其与水波相互作用的研究。譬如二维情况下，Meylan 和 Squire[48]利用水波与半无限长弹性冰层相互作用问题解，得到了波浪经过二维有限长度浮冰的近似解。结果表明，波浪反射系数随频率振荡，在一系列特定频率点，波浪全部透射，即波能全部经过浮冰。之后，基于 Green 函数法，Meylan 和 Squire[49]构造了孤立浮冰以及一对浮冰情况下的 Green 函数，使其从流域方程转变为边值问题的求解。Sturova[50]推导了冰层全覆盖水域下的 Green 函数。李春花和王永学[51]应用能量通量法，忽略波能反射与损失，对波浪进入弹性冰层覆盖水域后的规律进行了研究，并指出冰层弹性位能影响不可忽略。对于三维情况下，Meylan 和 Squire[52]分别采用本征函数展开法与 Green 函数法，对无限水深海洋中一块圆形浮冰进行了研究。之后 Wang 和 Meylan[53]利用高阶边界元与有限元的混合方法考虑了水波与任意形状浮冰之间的相互作用，其采用边界元法求解流场速度势，有限元法离散浮体动力平衡方程，进而推导建立了水波与浮冰相互作用问题的三维数值解。Andrianor 和 Hermans[54,55]利用 Green 函数法，模拟了一块弹性板分别漂浮于无限水深与有限水深流域内情况。不同于独立求解浮冰的自由振动模态或者干模态，Bennetts 和 Williams[56]耦合了流体运动与浮冰弯曲，考虑了任意形状的浮冰以及任意形状的冰间湖水波散射。Montiel 等[57]利用聚类法进行了海冰边缘区多浮冰区波谱发展特性分析。

海冰存在裂缝或突起时，海冰对流场产生明显影响，这吸引了不少学者(如 Squire 和 Dixon[58,59]、Porter 和 Evans[60]、Barrett 和 Squire[39]等)对波浪与冰脊或者冰裂缝相互作用问题开展研究。Barrett 和 Squire[39]基于本征函数展开法，对一条无限长的笔直的冰裂缝进行了计算研究。结果表明，短波情况下波浪能量几乎全反射，这与半无限长浮冰的水波散射特性类似，并且在一个离散频率点发现了波浪全透射现象。Squire 和 Dixon 利用不满足冰裂缝条件的 Green 函数，解析推导了单条冰裂缝解[61]，并讨论了多条冰裂缝问题[59]。Evans 和 Porter[60,62]考虑了任意水深的一般性情况。当冰裂缝扩大后，冰层中间或形成自由面流域，或形成不同冰厚的海冰[63]。前者形成周围由冰层包围的冰间湖航道，其中直且长的裂缝易形成二维情况下长且窄的航道，类似于圆周形的裂缝容易形成三维冰间湖[64]。Chung 和 Linton[65]利用复变函数残值法，进行了二维单冰间航道问题的数值模拟，发现了冰间航道内出现一系列频率点的波浪全透射现象。Williams 和 Squire[66]针对三块紧挨的浮冰，利用复变函数残差法与 Wiener-Hopf 法给出了一个统一解。当中间冰厚为零时，整个冰况问题可以转变成单冰间航道水波散射问题，当两侧冰厚为零时，转变成单块浮冰的散射问题。Bennetts 和 Squire[67]综合总结了其中的散射问题。

海冰并不是始终保持相同的特性。因此，Barrett 和 Squire[39]以及 Sturova[42]考虑了冰层突变的刚度、密度以及冰厚影响；Squire 和 Dixon[58]研究了波浪经过冰山的散射问题；Williams 和 Squire[68]进行了海床平底情况下冰脊的研究；Porter D 和 Porter R[69]研究了海床变化底部以及考虑了渐变冰厚的影响；Hermans[70]、Williams 和 Squire[71]、Williams 和 Porter[72]深入讨论了冰层厚度参数影响。

Bennetts 和 Williams[56]研究了水波在海冰边缘区的衰减，指出波浪衰减与冰块分布存在线性关系。此外，Montiel 等[73,74]采用数值模拟和实验对圆形浮冰在水波下的运动响应进行了研究，结果进一步表明了弹性薄板理论模型和线性势流理论较好地符合物理实验实测结果。之后，Montiel 等[57]对短峰波在海冰边缘区的传播进行了数值模拟，其内浮冰为圆形阵列。数值结果表明，波浪能量随着传播距离的增加而指数衰减，向不同方向呈线性增加扩散。王永学和李志军[75]基于冰层物理特性，建立了非冻结可破碎模型冰 DUT-1，对水波与海冰作用问题展开了物理模型实验研究，并且对弹性模量、弯曲刚度等冰的典型物理参数进行了分析研究[76,77]。Meylan 等[77]利用合成橡胶板，在常温水池内进行了波浪与浮冰相互作用的实验模拟，研究表明，合成橡胶板可以较好且合理地描述海冰动力学特性。郭春雨等[78]进行了海冰自身在波浪中纵向运动的上浪试验研究，开展了来波波高、波陡以及波长因素对海冰表面上浪、海冰运动的影响分析。

1.2.2　水波、海冰与结构物相互作用

由 1.2.1 节的水波、海冰相互作用问题研究进展可知，水波与海冰的相互作用研究多关注于地球物理学意义上的海洋生态环境分析，其间并无结构物。如潜器、水面船舶、港口等结构物，在海冰环境下的水动力、运动分析，必须要计及海冰对流场的影响。研究方向总结可分为两大类：一是海冰尺度基本为小尺度，多侧重于海冰与结构物的碰撞、冰的破碎等问题。如国内外学者在船舶破冰过程中冰的本构模型、冰载荷、冰阻力方面利用有限元法（FEM）、离散元法（DEM）进行了大量数值计算并开展了试验研究[78-87]。对于试验，主要分为冰水池和常温水池两

种类型。对于冰水池，如 Jeong 和 Kim 针对聚集的浮冰群，在韩国船舶与海洋工程研究所进行了冰水池试验，研究了冰的集中度与冰厚对船舶阻力的影响[88]。季顺迎等[80]利用离散元模型，对碎冰区海冰与浮体相互作用进行了研究，其中碎冰为三维圆盘单元。结果表明，随着冰厚、流速、密集度以及冰块尺寸的增大，冰对浮体作用力亦增大。对于常温水池，使用材料直接模拟冰，相对于冰水池试验，优点在于免去了配比溶液以及需要模拟真实海洋环境制作符合海冰力学性能的各种困难。如骆婉珍等[87,89,90]利用非冻结模型冰石蜡，在哈尔滨工程大学船模拖曳水池开展了船在碎冰区阻力性能试验研究，研究和分析了碎冰密集度对阻力值及船舶姿态的影响；其利用非冻结模型冰聚乙烯块，进行了船舶尾部伴流场试验，研究了海冰对尾流场的阻塞和遮蔽效应。二是海冰尺度为中、大尺度范围，水波经过海冰层边缘引起反射与透射，进而回返往复，作用于结构物自身，人们关心的主要是冰层的存在对水波散射、浮体水动力及运动特性的影响。本书关注重点在于第二类。目前，这一类波浪、浮体结构物与海冰相互作用研究，国内外均相对有限。

1.2.2.1　水波、海冰与浸没物体、浮体

对于如圆柱、圆球等简单形状物体，多极子展开法备受学者青睐。该方法最初由 Ursell[91]提出，并广泛应用于自由表面波下规则物体的研究[92-94]。对于水波与海冰、结构物的相互作用，Das 和 Mandal 基于多极子展开法，对几何形状规则物体浸没在无限冰层覆盖区以下水域中进行了解析求解，给出了二维浸没水平圆柱的绕射解[95]、三维辐射解[96]，研究了不同海冰弹性模量的影响。Sturova[97]推导了冰层以下匀速前进圆球解。Liu 和 Li[98]推导得到了有限水深下二维座底式水平半圆柱绕射解。Brocklehurst 等[99]采用 Weber 变换，给出了冰层与圆柱固结座底式圆柱绕射解。研究表明，冰层最大应变出现在紧邻圆柱处，且冰层的存在对直立圆柱产生较大作用力。

此外，Sturova[100]推导出了半无限延展冰层覆盖水域的二维脉动 Green 函数，并且利用源分布边界积分方程，对浸没椭圆柱水动力系数进行了模拟计算。结果表明，浸没物体远离海冰边缘区时，其水动力系数随频率振荡。同时，受线性化流体表面条件限制，物体在做横荡或横摇运动时，其波面升高(波高)在冰-水表面交界处不连续。该方法被拓展应用于求解二维冰裂缝问题[101]、二维浮冰与水相互作用问题以及冰间湖问题[102]。Sturova 推导的 Green 函数满足除物面以外的所有边界条件，因而边界积分方程积分面只有物面。但是针对不同的点，该 Green 函数每次都需要重新推导。Tkacheva[103]利用 Wiener-Hopf 法推导 Green 函数，求解

了单块浮冰下浸没物体的水动力问题。

Das 和 Mandal[104]研究了漂浮半圆柱在弯曲重力波影响下的绕射问题。近期，针对冰层非完全覆盖流域，Ren 等[105]采用本征函数展开法，利用 Green 第二公式，获得了二维浮体在单冰间航道的半解析解。结果表明，浮体水动力系数与波浪激励力随频率振荡变化，在一系列特定频率下，即便是入射波波幅很小，浮体也会发生大幅运动，这一现象亦出现在三维冰间湖内水波与座底式直立圆柱相互作用问题研究中[106]。

1.2.2.2　水波、海冰与航道港口

浮体在航道港口内的运动与在其开敞水域相比，更为复杂。除了浮体自身的固有频率之外，港口自身也存在一系列固有频率，当来波频率接近于港口航道固有频率时，极易引起港口航道内船体的大幅运动，进而影响货物装卸，甚至易对港口航道以及船体本身结构造成损伤。国内外学者对波浪与自由面港口相互作用问题的计算研究相对较多。Mcnown 与合作者分别推导了圆形港口解析解[107]与矩形港口解析解[108]，其研究中，港口有一微小开口，进入港口的流场预先给出，因而得到对应的特定解析解。该方法先给出开口处不连续法向速度下的通解，通过满足港口整体包括开口处的边界条件来求解。但是在实际问题中，港口开口处与外界开敞水域相连接，开口处的解在求解之前理应是未知的。Hwang 和 Tuck[109]对港口的绕射问题进行了研究，来波需满足海岸线边界条件，波浪绕射源自港口本身，他们利用边界元法在港口内部以及海岸线上分布源来进行求解，其中海岸线的计算域在一定距离后截断处理。Lee[110]将流域分解成港口内部限制流域与港口外部开敞水域两个子域，以此消除在海岸线上的积分。Isaacson 和 Qu[111]考虑了带有部分反射边界条件的港口。Hamanaka[112]研究了三种不同港口边界条件：开口、部分反射、透射边界的影响。近期，Kumar 等[113]给出了带有尖点的港口数值解；Martins-Rivas 和 Mei[114]给出了波浪与近岸底部与侧部局部开口圆柱相互作用的解析解；除了 Laplace 方程，Helmholtz 方程之外，适用于浅水域的 Boussinesq 波方程也逐步应用于求解港口问题[115]。当港口内部有浮体存在时，流场较之于水波-港口情况下更为复杂。目前的主要研究基本是在自由面流域中进行的。Sawaragi 和 Kubo[116]研究了箱型浮体在方形港口内与水波相互作用问题。该研究中，整个流域分解成三个子域：开敞水域、浮体以下水域、浮体以外港口内水域。每个子域内速度势沿垂向作本征函数展开。之后，Sawaragi 等[117]改进了子域分解，不同的是其中浮体以下水域拓展成在浮体周围包含浮体流域，其内采用三维边界元法，在另外两个子域采用本征函数展开法，本征函数展开式的级数数目由水平

方向的模态衰减率决定。Takagi 等[118]采用缓坡方程结合有限元法求解了港口内浮体水动力问题。Ohyama 和 Tsuchida[119]在此基础上引入了衰减模态的影响。近期，Kumar 等[120]采用与 Sawaragi 等[117]类似方法进行韩国本土实际港口的计算求解。他们在船体附近采用三维边界元法，远离船体的两个子域内采用 Helmholtz 方程对行进波进行了求解。

总体来说，对于采用线性势流理论求解自由面波、浮体与港口耦合问题，目前采用的近似方向分为两类：一是港口航道形状规则，可获得解析解；二是采用流域分解法，在浮体附近采用边界元法，而在其他子域内使用级数展开。一般来说，只采用进行模态或者只计入几项衰减模态。除采用线性 Stokes 波之外，还有其他方法，如 Bingham[121]采用 Boussinesq 理论时域求解浮体在港口内与浅水波的相互作用。

对于冰层覆盖航道港口水波散射问题，由于海冰的存在，冰下色散关系发生改变，冰层覆盖航道内的弯曲波特性是有别于自由面流域的。然而，目前这方面的研究相对有限，且主要集中在二维冰层覆盖航道。Daly[122]建立流体质量和动量守恒方程、冰运动方程，研究了冰层覆盖航道二维截面问题。Daly[123]进一步研究了考虑水波在冰层下传播时海冰弹性变形引起的应力。Xia 和 Shen[124]采用五阶 KDV 公式，考虑了冰层覆盖航道内的非线性影响。Beltaos[125]研究了冰层覆盖航道冰存在裂缝的情况。Fuamba 等[126]数值和试验模拟了部分冰层覆盖航道溃坝问题，该模型采用了一维 Saint-Venant 公式描述自由面流，水击方程描述冰层以下的流。Nzokou 等[127]考虑了二维冰层覆盖航道冰层与航道岸壁冻结、自由支持问题。之后，Nzokou 等[128]又提出了一维 Saint-Venant 与动态梁耦合模型，并采用有限元法进行分别求解。近期，Korobkin 等[129]利用本征函数展开法，对速度势与二维冰方程分别进行了展开，由于两者本征函数的差异，匹配求解相对烦琐。Ren 等[130]对海冰速度势与挠度方程分别进行本征函数展开，求解了二维冰层覆盖航道问题，大大简化了 Korobkin 思路，并考虑了冰裂缝的影响。

1.2.3　小结

综合上述国内外研究进展现状，可凝练出以下特点：

(1)在水波与海冰的相互作用的研究方面，主要分为两类：一是水波在海冰以下传播而做出的改变和调整，侧重于水波、流场分析；二是海冰在波浪的作用下产生的变化，偏重于海冰动力学。国内外学者研究主要侧重于波浪对小尺度海冰自身的破坏、上浪等影响，以及极地船舶在碎冰区，船-冰接触破冰过程中的冰阻力问题、操纵性问题。对于已经形成的冰区航道浮体水动力、多冰间航道、三维冰层覆盖港口水波散射等研究相对匮乏，其内尚有诸多水动力现象与机理未被揭示，这部分基础研究对于冰区船舶水动力而言是关键而且亟须填充的新领域，因此需要深入讨论极地典型环境下的浮体水动力与水波散射特性。

(2)总的来说，前文所述的四种海冰模型并无严格意义上的优劣之分，只是更适用的环境不同。对于不同的冰区环境，需要选择合适的模型。对于本书要研究的连续冰层覆盖环境而言，弹性板模型是比较好的选择。

(3)目前，对于冰水共存环境，很难推导出同时满足自由表面条件与冰层覆盖条件的脉动 Green 函数，而 Wiener-Hopf 法在推导与计算过程较为烦琐。此外，冰层覆盖边界条件含有高阶混合偏导数，常规数值方法较难处理，因而即便是边界条件线性化后，其相关研究也相当有限与困难。因此，针对所要研究的冰间航道、冰层覆盖港口等典型冰区问题，本书需要推导对应实用冰区船舶、结构物所处流场的水动力、运动与水波散射算法。

(4)冰水共存流域下，学者推导所得的解析解多针对简单几何形状物体，尽管这为数值方法、试验方法提供了检验标准，但由于解析解自身特定的局限性，很难直接应用于形状复杂的冰间航道、船舶与港口。考虑到实船冰载荷试验条件苛刻，即便是模型试验，对冰水池的要求也比较高，常温水池作业费用也相对高昂，因此本书致力于推导并开发相对经济、应用广泛、计算高效的冰区水动力载荷与水波散射数值计算算法。

1.3　本书主要研究工作

本书旨在研究波浪以弯曲重力波形式在连续海冰层下的传播，以及色散关系和衰减机理，提高对水波传播特性、浮体水动力载荷特性认识。因此，本书在以上冰区水动力发展背景下，基于冰区船舶水动力与水波散射研究现状，针对冰区船舶、结构物在破冰船开拓出的或者天然形成的航道港口作业遇到的四种典型冰区流域问题：航道两侧都是巨大无边际冰层的单冰间航道、多冰间航道、无冰港口、冰层覆盖港口，阐述水动力学方面的相关工作。

第 1 章为绪论。阐述冰区航道港口波动模拟与浮体水动力研究的目的与意义，并对冰区水波、海冰与结构物相互作用研究现状进行充分调研，总结了国内外研究的基本特点，提出冰区航道港口波动模拟与浮体水动力研究工作的必要性。

第 2 章为基于势流理论的冰区流场定解问题。针对冰水共存流场，基于势流理论，首先推导出了满足冰水共存流域的基本方程，并给出了自由面流域的基本边界条件，针对海冰覆盖流域，利用弹性板理论，简要推导了海冰方程，利用分离变量法，对自由面流域与海冰覆盖流域速度势进行了垂向展开，建立对应域内的色散方程，分析不同色散方程所解出的波数根。由于边界元法具有降维优势，即将三维问题转化为二维边值问题，将二维问题转化为一维边值问题，本章简要介绍了边界元法求解单一流场思路。针对流域边界条件的不均一性，提出了流域分解的有效性，进而为后文针对极地航道港口内浮体与水波散射匹配研究打下基础。

第 3 章为冰间航道船舶横切片水动力计算方法。对于二维单冰间航道的浮体水动力问题，将两侧半无限长冰层视作弹性薄板，针对海冰与自由表面的非均一条件，利用流域分解法，将复杂的二维冰间航道求解转化为分别求解二维自由面流域问题、二维海冰流域问题。利用分离变量法，对海冰覆盖流域速度势进行本征函数展开，基于 Green 第二公式，利用海冰方程，并计入二维冰边缘条件，构建了海冰覆盖流域边界积分方程；针对自由面流域，利用 Green 函数法，建立了该流域的边界积分方程。利用子域速度势在交界面上的连续性，进行交互匹配求解，开发了任意形状结构物在二维单冰间航道内水动力匹配 Fortran 计算求解程序。通过一系列文献算例，验证了本章方法的收敛与有效性。基于该方法，展开了对冰间航道浮体水动力特性的深入研究。

第 4 章为多冰间航道水波散射近似计算方法。随着航道数目的增加，二维冰区多航道的直接求解是极为烦琐冗长的。本书利用第 3 章方法所得单冰间航道基本解、水波与单侧冰基本解，基于多航道之间相距较远的基本假设，保留进行波，提出水波在多冰间航道散射匹配的快速求解算法。在保证精度的前提下，本书实现了二维任意冰层分布多航道水波散射问题的快速求解。通过与以往文献的典型算例比较，验证了本章方法的收敛与准确性。基于该近似方法，对多冰间航道的水波散射特性展开了波浪频率、冰间宽度、子冰层长度等影响分析。

第 5 章为三维开敞港口内浮体水动力计算方法。针对三维任意形状自由面港口浮体水动力问题，提出了以港口开口为界，内外港口流域分解技巧，通过引入三维自由面 Green 函数，利用外域速度势分解处理技巧和镜像法，构造无海岸线无穷面积分的边界积分方程，实现全三维内外完全匹配求解，开发了浮体在自由面港口内的三维水动力与运动直接数值 Fortran 计算程序。通过与一系列典型算例比较，验证本章方法的收敛与有效性，并展开了波浪频率、浪向角、浮体停靠位置、港口地形等因素对浮体在港口内水动力特性的影响研究。

第 6 章为三维冰层覆盖港口散射波浪场计算方法。针对三维冰层覆盖港口水波散射问题，本书通过流域分解技术，转化成分别处理内部冰层覆盖港口与外部开敞水域两个问题。用本征函数表征海冰覆盖流域速度势，得到三维冰域速度势的级数式。通过引入 Hankel 函数，构建满足本征函数所有基函数 Helmhotz 方程形式边界积分方程。通过 Green 函数法，获得了自由面流域速度势积分式。引入正交内积公式，解决了冰域内本征函数非正交性、港口固壁与海冰相交面、内外域匹配关键难点，编制了三维海冰冰层覆盖港口水波散射问题的直接 Fortran 数值计算程序，并进行数值收敛与有效性验证，在此基础上，研究了不同冰厚、浪向角、波浪频率的冰层覆盖港口海冰变形、自由面散射特性。

本书在以下几个方面取得了创新性成果：

(1) 提出了一种浮体在二维冰间航道水动力问题的计算方法。基于流域分解，利用本征函数展开与 Green 第二公式，Green 函数法与 Green 第三公式，提出了一种二维冰间航道浮体水动力问题的流域匹配解法，避免了直接推导冰域格林函数的困难性，并揭示了冰吃水、结构物尺度等因素对冰间航道内浮体水动力影响机理，为极地航道浮体水动力研究与工程应用提供重要意义。

(2) 提出了一种水波在二维多冰间航道内散射问题的近似计算方法。基于单冰间航道、水波与单侧冰基本解，提出了两种流域分解形式，分别建立了两种快速精确求解多冰间航道波动问题解法，避免了对多冰间航道冗长费时的直接求解，较大地提高了计算效率，为工程应用计算提供了重要简化，并深入研究了波浪频率、冰块长度、冰间宽度等因素对多冰间水波散射影响。

(3) 提出了一种三维无冰港口内浮体水动力问题的计算方法。针对非结冰任意形状三维港口内浮体水动力问题，提出了一种流域分解匹配解法，消除了外域的沿岸线无穷面积分，并深入分析了水波频率、入射波浪向角、浮体停靠位置、限制水域地形因素影响特性，为船舶设计、作业停靠优化提供重要论证。

(4) 提出了一种三维冰层覆盖港口内水波散射问题的计算方法。针对结冰港口波动问题，基于流域分解，通过本征函数级数展开，利用 Green 第三公式与 Green 函数，提出了一种流域匹配解法，解决了冰域本征函数非正交性、港口固壁与海冰相交面边界条件等关键问题，并揭示了波浪频率、冰厚、浪向角对冰层覆盖港口影响特性。

本书整体架构如图 1.9 所示。

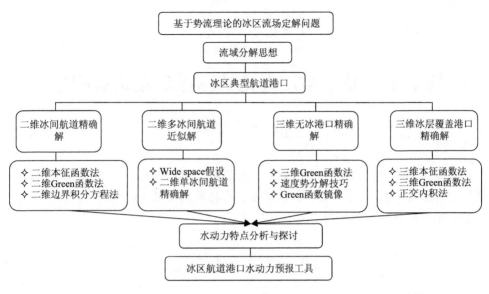

图 1.9　本书构架

第 2 章　基于势流理论的冰区流场定解问题

2.1　概　　述

本章主要给出自由面及海冰冰层覆盖共存流域基本理论。针对三维冰水共存流域,介绍对应的自由面与海冰冰层覆盖共存流域内流域方程和满足的边界条件,并给出本书海冰冰层的处理方式。

2.2　流域基本方程

2.2.1　基本假设

实际航行环境是复杂的,需要考虑风浪流等综合作用的影响,且需要考虑水波黏性、表面张力等水波因素,亦需计及海冰各种因素,建立这样完全海洋环境计算模型相当困难。因此,在研究过程中,需要对实际航行环境进行合理简化,从而抓住研究主要矛盾。在此过程中,简化会导致计算结果幅值有所变化,但是其共振频率点是准确的,因此依然较好地反映了实际冰区环境中所可能遇到的危险,从而进行有效规避。

在研究自由面与海冰共存流场问题时,认为自由面和海冰覆盖以下的流体为理想流体,流体无黏,流动无旋,密度为常值,流体不可压缩,不计表面张力以及升力的影响,将海冰冰层视作连续且冰厚均匀的弹性薄板,对于将冰层简化为薄弹性板的合理性已在 Robin[18]以及 Squire[19]的论文中通过实测给出验证,本章不再赘述。

2.2.2　坐标系定义

当连续海冰层或浮冰块漂浮在海面上,以图 2.1 为示例,建立该流域模型,为合理描述海冰与水波流场,定义空间固定坐标系 $O-xyz$,坐标系原点 O 位于静水面与海冰湿表面端点的交点位置,x 轴沿静水面,z 轴垂直向上,y 轴遵循右手螺旋定则。水深为 h,入射波浪向角为 β。

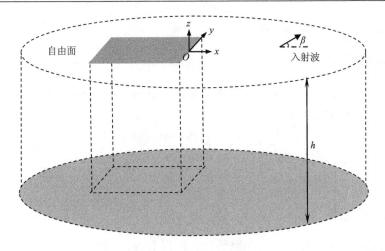

图 2.1　冰水共存流场示例

2.2.3　流域方程

针对冰水共存流域水动力问题，我们主要关心和研究的物理量为流场内任意一点的速度 $u(x,y,z,t)$、压力 $p(x,y,z,t)$ 以及海冰挠度 $w(x,y,t)$。基于流体密度为常值、流体不可压缩假设，根据质量守恒定律，可得连续性方程：

$$\nabla \cdot u = 0 \tag{2-1}$$

根据势流理论，流场流动无旋必有势，流场中任意点的速度可通过速度势表示，即

$$u(x,y,z,t) = \nabla\Phi(x,y,z,t) \tag{2-2}$$

根据旋度定理，对于理想流体，初始时刻流动无旋，则在今后任意时刻流动也无旋，满足

$$\nabla \times u = 0 \tag{2-3}$$

将式 (2-2)、式 (2-3) 代入式 (2-1)，易得整个流场速度势需满足的流域方程，即 Laplace 方程：

$$\nabla^2\Phi = 0 \tag{2-4}$$

2.3　自由面边界条件

式 (2-4) 求解的 Laplace 方程为二阶偏微分方程，其求解需要给定整个流域所有边界面上的定解条件。流域所有边界面包含自由面、海底地面、结构物表面、

远方虚拟控制面与海冰覆盖面。

2.3.1　运动学条件

对于自由面，其上的流体质点永远保持在自由面上，满足物质表面物质导数为零，可得运动学边界条件：

$$\frac{\partial \eta}{\partial t} + \frac{\partial \Phi}{\partial x}\frac{\partial \eta}{\partial x} + \frac{\partial \Phi}{\partial y}\frac{\partial \eta}{\partial y} - \frac{\partial \Phi}{\partial z} = 0 \tag{2-5}$$

其中，$\eta(x,t)$ 为自由面波高。

2.3.2　动力学条件

根据动量守恒定律、流体无黏假设，可得 Euler 方程：

$$(\frac{\partial}{\partial t} + \boldsymbol{u} \cdot \nabla)\boldsymbol{u} = -\frac{1}{\rho}\nabla(p + gz) \tag{2-6}$$

式中，ρ 为水密度，g 为重力加速度。将式 (2-2) 代入式 (2-6)，并对方程两端分别关于空间变量作积分，可得 Bernoulli 方程：

$$-\frac{p}{\rho} = \frac{\partial \Phi}{\partial t} + \frac{1}{2}\left|\nabla\Phi\right|^2 + gz + f(t) \tag{2-7}$$

不难发现，上式右端第四项 $f(t)$ 只与时间变量有关。将其合并到上式右端第一项，可得

$$-\frac{p}{\rho} = \frac{\partial \Phi'}{\partial t} + \frac{1}{2}\left|\nabla\Phi'\right|^2 + gz \tag{2-8}$$

简便起见，后文将 Φ' 记做 Φ。根据 Bernoulli 方程，不难给出自由面区域的动力学条件为

$$\frac{\partial \Phi'}{\partial t} + \frac{1}{2}\left|\nabla\Phi'\right|^2 + gz = 0 \tag{2-9}$$

2.4　海冰覆盖边界条件

水波在自由面遭遇连续冰层时，尤其是半无限长的冰层，须知该冰层尺度相对比较大，大概在十甚至上百千米长，这种冰层较容易出现在沿海岸、港口，或者离自由面海域很远的极地中心地带。当波浪进入冰层覆盖区域时，由于冰层的存在，存在波的反射与透射。因此，水波散射比开敞水域情况下复杂。对于开敞水域，通常认为海洋表面足够大，认为其表面为自由面，自由面压强为大气压或

者常压。考虑到最近这些年气温的持续上升，北极海冰厚度和覆盖区域持续缩减，表面波的强度已经显著增强。对于大面积的平整冰冰区，在冰层覆盖域内，由于冰层的水平面尺度远大于其垂向尺度，可以将冰层视为一块弹性板[14]。因此，对于海冰冰层，本书研究认为流域内的海冰为各向同性、连续的平整冰层，处理办法是将三维海冰覆盖层作为流域边界面的组成部分之一。研究表明，在处理水波与冰层作用问题时，冰层可以进一步处理为弹性薄板，且认为在水波与冰层作用过程中，冰层与水表面始终接触，从而根据弹性薄板动力平衡方程，导出冰层覆盖流场水表面应满足的边界条件。

2.4.1　海冰覆盖层水表面运动学条件

首先，同自由面类似，冰与流体质点不分离，即冰层与水表面始终接触，冰面挠度 $w(x, y, t)$ 应满足运动学条件：

$$\frac{\partial w}{\partial t} + \frac{\partial \Phi}{\partial x}\frac{\partial w}{\partial x} + \frac{\partial \Phi}{\partial y}\frac{\partial w}{\partial y} - \frac{\partial \Phi}{\partial z} = 0 \tag{2-10}$$

2.4.2　海冰覆盖层水表面动力学条件

以矩形海冰为例(图 2.2)，受到外力弯曲时，应存在六个应力分量以及六个应变分量，即 σ_x、σ_y、σ_z、τ_{xy}、τ_{yz}、τ_{zx} 以及 ε_x、ε_y、ε_z、γ_{xy}、γ_{yz}、γ_{zx}。对于薄板理论，由于 z 垂向方向应力远小于 x、y 水平方向应力，且不计冰厚方向的挤压变形，即不考虑 z 方向应变，同时认为冰在 x、y 方向的微元满足平断面假定，进而不计应力 σ_z 和应变分量 γ_{yz}、γ_{zx}。

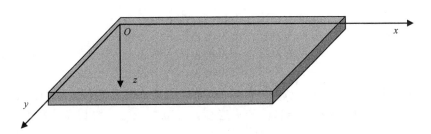

图 2.2　海冰弹性薄板模型

从海冰中取出一块 $\mathrm{d}x \cdot \mathrm{d}y$ 小微元，在 xOz 和 yOz 平面内，根据直法线假定，分别有应变：

$$\varepsilon_x = -\frac{z}{\rho_x} = -z\frac{\partial^2 w}{\partial x^2} \tag{2-11}$$

$$\varepsilon_y = -\frac{z}{\rho_y} = -z\frac{\partial^2 w}{\partial y^2} \tag{2-12}$$

基于弹性理论中的几何关系，易知存在 $\varepsilon_x = \partial u / \partial x$，$\varepsilon_y = \partial v / \partial y$，则根据上两式可得

$$\frac{\partial u}{\partial x} = -z\frac{\partial^2 w}{\partial x^2} \tag{2-13}$$

$$\frac{\partial v}{\partial y} = -z\frac{\partial^2 w}{\partial y^2} \tag{2-14}$$

这里的 u 和 v 表示 x 和 y 方向上的位移。对式(2-13)和式(2-14)分别积分，考虑到海冰中面不变形，可得位移函数：

$$u = -z\frac{\partial w}{\partial x} \tag{2-15}$$

$$v = -z\frac{\partial w}{\partial y} \tag{2-16}$$

进而可得海冰剪应变：

$$\gamma_{xy} = \frac{\partial u}{\partial y} + \frac{\partial v}{\partial x} = -2z\frac{\partial^2 w}{\partial x\partial y} \tag{2-17}$$

式(2-11)、式(2-12)和式(2-17)构成应变与位移之间的关系。

应用应力应变关系，有

$$\varepsilon_x = \frac{1}{E}(\sigma_x - v\sigma_y) \tag{2-18}$$

$$\varepsilon_y = \frac{1}{E}(\sigma_y - v\sigma_x) \tag{2-19}$$

$$\gamma_{xy} = \frac{1}{G}\tau_{xy} \tag{2-20}$$

其中，E 为杨氏模量，G 为剪切模量，v 为泊松比。将式(2-18)～式(2-20)代入式(2-11)、式(2-12)和式(2-17)，消去应变 ε_x、ε_y、γ_{xy}，可得海冰应力与挠度关系：

$$\sigma_x = -\frac{Ez}{1-v^2}\left(\frac{\partial^2 w}{\partial x^2} + v\frac{\partial^2 w}{\partial y^2}\right) \tag{2-21}$$

$$\sigma_y = -\frac{Ez}{1-v^2}\left(\frac{\partial^2 w}{\partial y^2} + v\frac{\partial^2 w}{\partial x^2}\right) \tag{2-22}$$

$$\tau_{xy} = -\frac{Ez}{1+\nu}\frac{\partial^2 w}{\partial x \partial y} \tag{2-23}$$

正应力 σ_x、σ_y 在对应断面单位宽度上的合力矩分别为

$$M_x = \int_{-h_1/2}^{h_1/2} \sigma_x z \mathrm{d}z \tag{2-24}$$

$$M_y = \int_{-h_1/2}^{h_1/2} \sigma_y z \mathrm{d}z \tag{2-25}$$

其中，h_1 为冰层厚度。剪应力 τ_{xy}、τ_{yx} 在中面单位宽度上的合力矩 M_{xy}、M_{yx} 分别为

$$M_{xy} = \int_{-h_1/2}^{h_1/2} \tau_{xy} z \mathrm{d}z \tag{2-26}$$

$$M_{yx} = \int_{-h_1/2}^{h_1/2} \tau_{yx} z \mathrm{d}z \tag{2-27}$$

根据剪应力互等定理，易知 $\tau_{xy} = \tau_{yx}$，进而可得 $M_{xy} = M_{yx}$。剪应力 τ_{xz}、τ_{yz} 在中面单位宽度上的合力分别为

$$N_x = \int_{-h_1/2}^{h_1/2} \tau_{xz} \mathrm{d}z \tag{2-28}$$

$$N_y = \int_{-h_1/2}^{h_1/2} \tau_{yz} \mathrm{d}z \tag{2-29}$$

将式(2-21)～式(2-23)代入式(2-24)～式(2-26)，可得弯矩与挠度函数关系：

$$M_x = -L\left(\frac{\partial^2 w}{\partial x^2} + \nu\frac{\partial^2 w}{\partial y^2}\right) \tag{2-30}$$

$$M_y = -L\left(\frac{\partial^2 w}{\partial y^2} + \nu\frac{\partial^2 w}{\partial x^2}\right) \tag{2-31}$$

$$M_{xy} = -L(1-\nu)\frac{\partial^2 w}{\partial x \partial y} \tag{2-32}$$

其中，$L = Eh^3 / [12(1-\nu^2)]$ 为有效抗弯刚度。针对 $\mathrm{d}x \cdot \mathrm{d}y$ 的中面微元，$p(x,y)$ 为单位外加荷重，在微元内其力为 $p\mathrm{d}x \cdot \mathrm{d}y$，在坐标为 x 断面处存在弯矩 $M_x \mathrm{d}y$、扭矩 M_{xy}、剪力 N_x，在 $x+\mathrm{d}x$ 断面存在弯矩 $[M_x + (\partial M_x / \partial x)\mathrm{d}x]\mathrm{d}y$、扭矩 $M_{xy} + (\partial M_{xy} / \partial x)\mathrm{d}x$、剪力 $N_x + (\partial N_x / \partial x)\mathrm{d}x$，在坐标为 y 断面处存在弯矩 $M_y \mathrm{d}x$、扭矩 M_{xy}、剪力 N_y，在 $y+\mathrm{d}y$ 断面上存在弯矩 $[M_y + (\partial M_y / \partial y)\mathrm{d}y]\mathrm{d}x$、扭矩 $M_{xy} + (\partial M_{xy} / \partial y)\mathrm{d}y$、剪力 $N_y + (\partial N_y / \partial y)\mathrm{d}y$。令作用在微元上所有力对 Oy 轴合

力矩为零，可得

$$-M_x \mathrm{d}y + [M_x + (\partial M_x / \partial x)\mathrm{d}x]\mathrm{d}y - M_{xy}\mathrm{d}x + [M_{xy} + (\partial M_{xy} / \partial y)\mathrm{d}y]\mathrm{d}x$$

$$-[N_x + (\partial N_x / \partial x)\mathrm{d}x]\mathrm{d}x\mathrm{d}y + N_y \mathrm{d}x \cdot \frac{1}{2}\mathrm{d}x - [N_y + (\partial N_y / \partial y)\mathrm{d}y]\mathrm{d}x \cdot \frac{1}{2}\mathrm{d}x \qquad (2\text{-}33)$$

$$-p\mathrm{d}x \cdot \mathrm{d}y \cdot \frac{1}{2}\mathrm{d}x = 0$$

不计三阶小量，并对式子两端同除以 $\mathrm{d}x \cdot \mathrm{d}y$ 项，可得

$$\frac{\partial M_x}{\partial x} + \frac{\partial M_{xy}}{\partial y} = N_x \qquad (2\text{-}34)$$

令作用在微元块上所有力对 Ox 轴合力矩为零，同理可得

$$\frac{\partial M_y}{\partial y} + \frac{\partial M_{xy}}{\partial x} = N_y \qquad (2\text{-}35)$$

令所有力在 Oz 轴上投影合力为零，可得

$$\frac{\partial N_x}{\partial x} + \frac{\partial N_y}{\partial y} = -q(x, y) \qquad (2\text{-}36)$$

式中，$q(x, y)$ 为表面力。联立式(2-34)～式(2-36)，并应用式(2-30)～式(2-32)，可得海冰平衡微分式[131]：

$$L\nabla^4 w = q(x, y) \qquad (2\text{-}37)$$

式中，

$$\nabla^4 = \frac{\partial^4}{\partial x^4} + 2\frac{\partial^4}{\partial x^2 \partial y^2} + \frac{\partial^4}{\partial y^4} \qquad (2\text{-}38)$$

根据牛顿第二定律以及 Bernoulli 方程可得

$$m\frac{\partial^2 w}{\partial t^2} = -q(x, y) + p(x, y) \qquad (2\text{-}39)$$

$$p(x, y) = -\rho(\frac{\partial \Phi}{\partial t} + \frac{1}{2}|\nabla \Phi|^2 + gw) \qquad (2\text{-}40)$$

其中，$-q(x, y)$ 的负号表示在流场中垂直向上为正方向，$m = \rho_1 h_\mathrm{I}$ 表示单位面积密度，ρ_1 为海冰密度，h_I 为海冰厚度，代入式(2-37)，得到海冰覆盖层水表面满足的动力学条件为

$$m\frac{\partial^2 w}{\partial t^2} + L\nabla^4 w = -\rho\frac{\partial \Phi}{\partial t} - \rho gw - \frac{1}{2}\rho|\nabla \Phi|^2 \qquad (2\text{-}41)$$

2.4.3　海冰侧表面边界条件

海冰侧面湿表面应满足不可穿透条件:

$$\frac{\partial \Phi}{\partial n} = 0 \qquad (2\text{-}42)$$

2.4.4　海冰的端点边界条件

针对四阶微分海冰方程(2-41)，在海冰边缘需满足一定的边界条件，这跟海冰边缘具体情形有关，对于自由漂浮海冰，需满足弯矩和剪力为零；对于四周自由支持海冰，需满足边缘处海冰挠度和弯矩为零；对于四周刚性固定海冰，需满足挠度和转角为零。例如，四周刚性固定海冰的端点边界条件为[131]

$$w = 0 \ , \quad \frac{\partial w}{\partial n} = 0 \qquad (2\text{-}43)$$

2.5　其他边界条件

对海床底面与流域内各种船舶与浮式结构物，其表面需应用运动学条件，物面流体法向速度等于物面自身表面法向速度，可得

$$\frac{\partial \Phi}{\partial n} = \boldsymbol{n} \cdot \nabla \Phi = \boldsymbol{u} \cdot \boldsymbol{n} \qquad (2\text{-}44)$$

其中，$\boldsymbol{n}$ 为该物体表面法向量。由于海床底部为固壁边界，$\boldsymbol{u} = \boldsymbol{0}$，则对于海床底部式(2-44)转换为

$$\frac{\partial \Phi}{\partial n} = 0 \qquad (2\text{-}45)$$

若结构物固定不动，则在物面同满足式(2-45)，若结构物自由漂浮，则 $\boldsymbol{u} \neq \boldsymbol{0}$。

对于无穷远虚拟面，扰动速度势需满足对应的远方辐射条件，即扰动速度势在无穷远处耗散为零:

$$\lim_{R \to \infty} \sqrt{R} \left(\frac{\partial \Phi}{\partial R} - iK\Phi \right) = 0 \qquad (2\text{-}46)$$

以保证波浪向外传播。其中，$R^2 = x^2 + y^2$，K 为无穷远水域的波数。K 需要根据无穷远处水域表面条件而定，例如，在如图 2.1 示例情形中，无穷远为自由水波，其为自由面流域色散方程满足的波数 $K = k_0$。而对于无穷远为冰层覆盖情形，其为海冰色散方程满足的波数 $K = \kappa_0$。

2.6 稳态解与边界条件的线性化

由于本书研究的是频域稳态解，速度势随时间周期性变化，因此将速度势进行时间与空间分离：

$$\Phi(x, y, z, t) = \mathrm{Re}\{\mathrm{i}\,\omega\phi(x, y, z)\,\mathrm{e}^{\mathrm{i}\omega t}\} \tag{2-47}$$

其中，$\mathrm{i} = \sqrt{-1}$，ω 为圆频率，$\omega = 2\pi/T$，T 为波浪周期。同理，海冰挠度也随时间周期性变化，可表示为

$$w(x, y, t) = \mathrm{Re}\{W(x, y)\,\mathrm{e}^{\mathrm{i}\omega t}\} \tag{2-48}$$

因此，流域方程式(2-4)可分离成为

$$\nabla^2\phi(x, y, z) = 0 \tag{2-49}$$

根据摄动理论，取波陡，即波高与波长之比为摄动小参数，且只保留一阶量，可得线性化的边界条件，使得边界条件在平均表面满足。对于自由面，由式(2-5)可得线性化的运动学条件：

$$\mathrm{i}\omega\eta - \frac{\partial\phi}{\partial z} = 0，\quad z = 0\,(\text{自由面流域}) \tag{2-50}$$

由式(2-9)可得线性化的动力学条件：

$$\mathrm{i}\omega\phi + g\eta = 0，\quad z = 0\,(\text{自由面流域}) \tag{2-51}$$

联立以上两式，消去 η，利用式(2-47)，可得

$$g\frac{\partial\phi}{\partial z} - \omega^2\phi = 0，\quad z = 0\,(\text{自由面流域}) \tag{2-52}$$

相应的冰面运动学条件可化简为

$$W = \frac{\partial\Phi}{\partial z}，\quad z = 0\,(\text{海冰覆盖流域}) \tag{2-53}$$

由式(2-53)与式(2-41)，可得线性化的冰层水平覆盖液面表面边界条件：

$$(L\nabla^4 + \rho g - m\omega^2)\frac{\partial\phi}{\partial z} - \rho\omega^2\phi = 0，\quad z = 0\,(\text{海冰覆盖流域}) \tag{2-54}$$

海冰侧部表面条件化简为

$$\frac{\partial\phi}{\partial n} = 0，\quad -d < z < 0\,(\text{海冰覆盖流域}) \tag{2-55}$$

对应的海底表面边界条件(2-45)可化简为

$$\frac{\partial\phi}{\partial n} = 0，\quad z = -h \tag{2-56}$$

无穷远处辐射条件可化简为如下表达式：

$$\lim_{R \to +\infty} [\frac{\partial \phi}{\partial R} + iK\phi] = 0 \tag{2-57}$$

2.7 色 散 方 程

波数的求解，需要找出对应流域的色散方程。自由面和海冰覆盖流域的色散方程由于分别满足自由面与海冰边界条件，其色散方程也有所不同。

2.7.1 自由面流域色散方程

在自由面流域内，针对流域方程，利用分离变量法，将扰动速度势做如下分解：

$$\phi = f(x, y)\cos kz \tag{2-58}$$

式中，k 便是波数。将式(2-58)代入式(2-52)，可得自由面流域下的色散方程为

$$\omega^2 = gk\tan kh \tag{2-59}$$

其中，由于式(2-58)中 z 变量微分算子为自伴函数，满足自由面流域边界条件式(2-52)和式(2-56)，因此选取的本征函数是正交的，且模态完备。

色散方程(2-59)的根 k 可通过数值求解。如图 2.3 所示，该色散方程有两个实根，无数个虚根，沿虚轴正负轴对称分布。两个实根 $\pm k$ 分别指代波浪沿 x 负方向和正方向传播无衰减项，而一系列虚根，则沿着传播方向逐渐衰减，且这一系列根满足 $(n-1/2)\pi/h < k_n < n\pi/h$，随着 n 的增大，$k_n \to n\pi/h$。

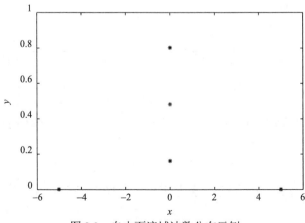

图 2.3 自由面流域波数分布示例

$\omega = 7$，$h = 10\text{m}$，$\rho = 1025\text{kg/m}^3$

2.7.2 海冰覆盖流域色散方程

针对海冰覆盖流域，同自由面流域类似，将速度势进行如下分解：

$$\phi = f(x, y)\cosh\kappa z \tag{2-60}$$

其中，κ 为冰域内的波数，将式(2-60)代入式(2-54)，可得满足冰层覆盖区域内的色散方程：

$$\frac{\rho\omega^2}{L\kappa^4 + \rho g - m\omega^2} = \kappa\tanh\kappa h \tag{2-61}$$

易见，冰域内的色散方程(2-61)相比于开敞水域的方程(2-59)形式更复杂，但两者求解得到的根在一定程度上有相似。以图 2.4 为例，实轴上正负两端分别存在一个根，在虚轴正负两端存在一系列虚根，随着 n 的增大，$\kappa_n \to n\pi/h$。但是除此之外，存在额外的四个根，正负共轭复数各一对。共轭根来自于衰减增长行波，可以表示为 $\pm(\beta \pm \mathrm{i}\alpha)$ 以及虚根 $\pm\mathrm{i}\kappa_n$，其中 κ_n、α、β 都是正实数。需要注意的是，该子域分离的微分算子不是自伴的，模态不正交。

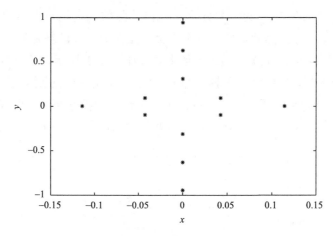

图 2.4　冰层覆盖流域波数分布示例

$\omega = 7$，$h = 10\mathrm{m}$，$h_I = 2\mathrm{m}$，$E = 5\mathrm{GPa}$，$v = 0.3$，$\rho_I = 922.5\mathrm{kg/m}^3$

2.8　边界积分方程与 Green 函数解法

对于单一的流域，如自由面流域，满足边界条件式(2-52)，应用 Green 第三公式，利用 Green 函数法，可以将流场内任意一点速度势的求解，转化到流域所有边界面上，建立对应的边界积分方程式进行求解：

$$\alpha(p)\phi(p) = \int_{S} [G(p,q)\frac{\partial\phi(q)}{\partial n_q} - \frac{\partial G(p,q)}{\partial n_q}\phi(q)]\mathrm{d}S \qquad (2\text{-}62)$$

其中，$\alpha(p)$ 为场点 p 的固角系数，q 为源点，S 为该流域所有边界面，n 表示法向。Green 函数 G 为调和函数，满足流域方程(2-49)，根据边界条件的不同，例如只满足流域方程(2-49)，满足流域方程(2-49)和底部条件式(2-56)，满足流域方程(2-49)、底部条件式(2-56)和自由面条件式(2-52)等，以此可以推导得到对应不同的 Green 函数，进而在求解过程中简化方程积分面。

2.9　流　域　分　解

对于冰水共存环境下，由于自由面条件与冰层覆盖层流域表面条件的不统一，很难推导得出同时满足自由表面条件与冰层覆盖条件的脉动 Green 函数，而且冰层覆盖边界条件含有高阶混合偏导数，常规数值方法较难处理，因而即便是边界条件线性化后，其推导难度也十分大。因此本章引入流域分解。流域分解的主要思想为将整个流域按边界条件的需求分成若干个子域，每个子域内独立求解，在各个子域交界面上满足相应的连续条件，而后进行匹配求解。该预处理方法将在后文每个典型冰况问题内分别进行详述。

2.10　本　章　小　结

本章介绍了自由面与海冰冰层覆盖共存流域的三维基本理论，给出了流域内满足的通用流域方程，针对自由面流域与海冰覆盖流域，分别介绍了对应流域的边界条件，并得到了冰水共存流域的线性频域边界条件。通过对自由面和海冰冰层覆盖单流域色散方程的分析，了解了波数根的特性。本章介绍了利用 Green 第三公式，建立边界积分方程求解单一流域速度势的基本思路。针对冰水共存流域自由面与海冰覆盖水表面边界条件的不统一，提出了流域分解的预处理，为后续章节冰间航道港口具体问题的深入推导研究作铺垫。

第3章 冰间航道船舶横切片水动力计算方法

3.1 概 述

行驶在冰间航道内的船舶会与水波发生复杂的共振现象，对人员以及财产构成巨大威胁，因此其水动力问题的准确求解至关重要。对于实际冰间航道，其两侧极大的冰层可各自合理视为半无限长冰层，此时求解可化简到二维切片平面内。基于该模型，可以描述一些典型的海水波长和波幅下物体的动压力。本章针对该问题中产生的不均一边界条件，提出流场分域，通过基于自由面开敞水域的 Green 函数解法、冰域内速度势的本征函数展开以及边界积分方程解法，在子域交界面上构建压力与速度的匹配条件，并对二维冰间航道水动力问题特性进行分析。

3.2 冰间航道流场的数学描述

3.2.1 分域模型建立与坐标系定义

如图 3.1 所示，合理建立本章研究模型：二维任意横切片形状浮体自由漂浮于两侧半无限长冰间航道内。浮体尺度以水线面为基准，长为 a，吃水为 b。定义笛卡儿坐标系 Oxz，x 轴沿未扰动静水面，z 轴垂直向上。入射波自左侧冰层下方沿 x 轴向右侧传播。浮体处于其平衡位置时，z 轴经过浮体质心。流体密度为常值 ρ，水深 h，流体无黏，不可压，流动无旋。因此应用速度势 Φ 来描述流场。将整个计算流场分解为左侧冰层以下水域、右侧冰层以下水域以及中间所夹

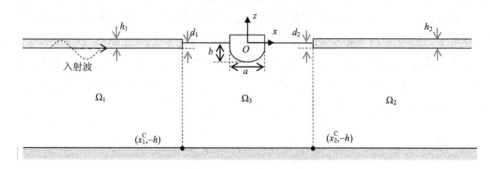

图 3.1 单冰间航道示意图

的自由面流域。冰层由 x_j 向两侧无限远延展，认为两侧冰层分别是一块连续的均匀介质、各向同性的弹性薄板，其厚度为 h_j，密度 ρ_j，杨氏模量 E_j，泊松比 ν_j，下标 $j=1,2$ 分别表示左侧和右侧冰层。

3.2.2　基本方程与边界条件

基于第 2 章波幅相较于波长以及浮体特征长度为小量的假设，本章沿用线性势流理论进行该问题的求解。针对二维问题，取第 2 章 xOz 切面进行研究，因此本章对应的总速度势可表示为如下周期性稳态函数：

$$\Phi(x,z,t) = \text{Re}[\alpha_0 \phi_0(x,z) e^{i\omega t}] + \text{Re}[\sum_{i=1}^{3} i\omega \alpha_i \phi_i(x,z) e^{i\omega t}] \tag{3-1}$$

式中，ϕ_0 为入射势 ϕ_I 与绕射势 ϕ_D 的总和；α_0 为入射势波幅；$\phi_i\,(i=1,2,3)$ 为浮体运动三个自由度方向的单位辐射势，即沿 x 和 z 方向平动辐射势以及围绕 y 轴的转动辐射势，幅值为 α_j。

速度势 ϕ_i 在整个流场内需满足流域方程：

$$\nabla^2 \phi_i = 0 \,(i=0,1,2,3) \tag{3-2}$$

混合的线性化自由面动力学条件与运动学条件为

$$-\omega^2 \phi_i + g \frac{\partial \phi}{\partial z} = 0 \,(x_1 < x < x_2, z=0) \tag{3-3}$$

式中，g 为重力加速度。物体表面需满足如下条件：

$$\frac{\partial \phi_0}{\partial x} = 0 \,, \quad \frac{\partial \phi_i}{\partial x} = n_i \,(i=1,2,3) \tag{3-4}$$

式中，n_1 和 n_2 分别为单位法向量 $\boldsymbol{n}$ 的 x 与 z 方向的分量，指向浮体内部，$n_3 = (z-z')n_1 - (x-x')n_2$ 为转动分量，其中 (x',z') 为旋转中心。流域海床底部表面需满足不可穿透条件：

$$\frac{\partial \phi_i}{\partial z} = 0 \,(-\infty < x < \infty, z=-h) \tag{3-5}$$

两侧冰层覆盖远方无穷远处，速度势满足辐射条件，即满足波外传：

$$\lim_{x \to -\infty} [\frac{\partial(\phi_i - \delta_{0,i}\phi_1)}{\partial x} - \kappa_0^{(1)}(\phi_i - \delta_{0,i}\phi_1)] = 0 \tag{3-6}$$

$$\lim_{x \to +\infty} [\frac{\partial \phi_i}{\partial x} + \kappa_0^{(2)}\phi_i] = 0 \tag{3-7}$$

其中，$\delta_{p,q}$ 为 Kronecker 函数，当 $p=q$ 时，$\delta_{p,q}=1$，当 $p \neq q$ 时，$\delta_{p,q}=0$；$\kappa_0^{(1)}$

和 $\kappa_0^{(2)}$ 分别为子域 Ω_1 和 Ω_2 内冰域色散方程正虚根。

针对本章问题，由于三维海冰外载荷沿海冰的 y 方向不变化，取沿 y 方向单位宽度的梁挠度方程作为海冰方程。需要注意的是，从板中取出的梁两侧受到相邻板的约束，为结构力学上的板条梁，存在应变 $\varepsilon_y = 0$，代入式(2-19)，可得

$$\sigma_y = \nu \sigma_x \qquad (3\text{-}8)$$

代入式(2-18)，可得

$$\sigma_x = \frac{E}{(1-\nu^2)}\varepsilon_x \qquad (3\text{-}9)$$

根据普通梁的应力应变本构关系式 $\sigma_x = E\varepsilon_x$，记 $L = E/(1-\nu^2)$，因此得到梁弯曲微分方程式：

$$Lw^{\text{IV}} = p \qquad (3\text{-}10)$$

以及对应的剪力和弯矩：

$$Lw''' = N, \quad Lw'' = M \qquad (3\text{-}11)$$

同第 2 章三维类似，利用牛顿第二定律、Bernoulli 方程、冰面运动学条件，最终整理可得两侧冰面水平表面混合边界条件为

$$(L_j \frac{\partial^4}{\partial x^4} - m_j \omega^2 + \rho g)\frac{\partial \phi_i}{\partial z} - \rho \omega^2 \phi_i = 0 \quad \left(|x| \geqslant |x_j|, z = -d_j, j = 1,2\right) \qquad (3\text{-}12)$$

式中，$L_j = Eh_j^3/[12(1-\nu_j^2)]$ 为冰有效弯曲刚度，$m_j = h_j\rho_j$ 为单位面积密度，在冰的侧向垂直面上固壁不可穿透，即

$$\frac{\partial \phi_i}{\partial x} = 0 \quad (x = x_j, -d_j \leqslant z \leqslant 0) \qquad (3\text{-}13)$$

3.3　各子域的数学推导与处理

3.3.1　二维冰域内的级数展开

在冰层覆盖的子域 Ω_1 与 Ω_2 内，基于第 2 章对色散方程的分析，分别将流场速度势进行本征函数展开，每个基函数需满足 Laplace 方程、冰面条件以及底部边界条件和远方辐射条件。此处，假定入射波经左侧海冰以弯曲重力波的形式传向浮体，则子域 Ω_1 内速度势表达式为

$$\phi_i^{(1)} = \delta_{0,i}\phi_{\text{I}} + \sum_{m=-2}^{\infty} R_{i,m}\psi_m^{(1)} \qquad (3\text{-}14)$$

子域 Ω_2 内速度势表示如下：

$$\phi_i^{(2)} = \sum_{m=-2}^{\infty} T_{i,m} \psi_m^{(2)} \tag{3-15}$$

式中，

$$\phi_1 = \frac{g}{\mathrm{i}\omega} \mathrm{e}^{-\kappa_0^{(1)}(x-x_1)} \frac{\cos[\kappa_0^{(1)}(h+z)]}{\cos\left[\kappa_0^{(1)}(h-d_1)\right]} \tag{3-16}$$

$$\psi_m^{(j)} = \mathrm{e}^{\kappa_0^{(1)}(x_j-x)\,\mathrm{sgn}(x-x_j)} \frac{\cos[\kappa_m^{(j)}(h+z)]}{\cos\left[\kappa_m^{(j)}(h-d_j)\right]} \tag{3-17}$$

其中，$x-x_j > 0$，$\mathrm{sgn}(x-x_j)=1$；$x-x_j < 0$，$\mathrm{sgn}(x-x_j)=-1$。须知，$R_{i,m}$、$T_{i,m}$ 为待求未知量。$\kappa_m^{(j)}$ 满足冰域内对应的色散方程：

$$-\kappa_m^{(j)} \tan[\kappa_m^{(j)}(h-d_j)] = \frac{\rho\omega^2}{L_j(\kappa_m^{(j)})^4 + \rho g - m_j\omega^2} \tag{3-18}$$

式中，$\kappa_0^{(j)}$ 为纯正虚根，$\kappa_{-1}^{(1)}$ 和 $\kappa_{-2}^{(j)}$ 为一对实数部分为正数的共轭复数根，$\kappa_m^{(j)}$ ($m=1,2,\cdots$) 为正实数根。

3.3.2 二维冰域内的边界积分方程

在子域 Ω_1 内所有边界 S_1 上，对 $\phi_i^{(1)} - \delta_{0,i}\phi_1$ 和 $\psi_m^{(1)}$ 应用 Green 第二公式，因而得到子域 Ω_1 内的边界积分方程：

$$\oint_{S_1} [(\phi_i^{(1)} - \delta_{0,i}\phi_1) \frac{\partial \psi_m^{(1)}}{\partial n} - \frac{\partial(\phi_i^{(1)} - \delta_{0,i}\phi_1)}{\partial n} \psi_m^{(1)}]\mathrm{d}S = 0 \quad (在 \Omega_1 内) \tag{3-19}$$

同理，在子域 Ω_2 内对 $\phi_i^{(2)}$ 和 $\psi_m^{(2)}$ 应用 Green 第二公式，可得对应的边界积分方程表达式：

$$\oint_{S_2} [\phi_i^{(2)} \frac{\partial \psi_m^{(2)}}{\partial n} - \frac{\partial \phi_i^{(2)}}{\partial n} \psi_m^{(2)}]\mathrm{d}S = 0 \quad (在 \Omega_2 内) \tag{3-20}$$

其中，$(\phi_i^{(1)} - \delta_{0,i}\phi_1)$、$\psi_m^{(1)}$、$\phi_i^{(2)}$ 以及 $\psi_m^{(2)}$ 由于满足相同的底部条件、冰面侧边不可穿透条件和辐射条件，在这些边界上积分为零。因此，式(3-19)、式(3-20)的积分边界只需保留冰面水平边界以及流域分域交界边界。应用冰面水平边界条件式(3-12)，并对冰面水平边界进行连续分部积分，分别可推得子域 Ω_1 和子域 Ω_2 内如下积分方程：

$$\int_{-h}^{-d_1}(\phi_i^{(1)}\frac{\partial \psi_m^{(1)}}{\partial x}-\frac{\partial \phi_i^{(1)}}{\partial x}\psi_m^{(1)})\mathrm{d}z$$

$$+\frac{L_1}{\rho\omega^2}(\frac{\partial^4 \phi_i^{(1)}}{\partial x^3 \partial z}\frac{\partial \psi_m^{(1)}}{\partial z}-\frac{\partial^3 \phi_i^{(1)}}{\partial x^2 \partial z}\frac{\partial^2 \psi_m^{(1)}}{\partial z \partial x}+\frac{\partial^3 \psi_m^{(1)}}{\partial x^2 \partial z}\frac{\partial^2 \phi_i^{(1)}}{\partial z \partial x}-\frac{\partial^4 \psi_m^{(1)}}{\partial x^3 \partial z}\frac{\partial \phi_i^{(1)}}{\partial z})_{z=-d_1}$$

$$\qquad\qquad\qquad\qquad\qquad\qquad\qquad\qquad\qquad\qquad\qquad (x=x_1)$$

$$=\delta_{0,i}\int_{-h}^{-d_1}(\phi_1\frac{\partial \psi_m^{(1)}}{\partial x}-\frac{\partial \phi_1}{\partial x}\psi_m^{(1)})\mathrm{d}z$$

$$+\frac{\delta_{0,i}L_1}{\rho\omega^2}(\frac{\partial^4 \phi_1}{\partial x^3 \partial z}\frac{\partial \psi_m^{(1)}}{\partial z}-\frac{\partial^3 \phi_1}{\partial x^2 \partial z}\frac{\partial^2 \psi_m^{(1)}}{\partial z \partial x}+\frac{\partial^3 \psi_m^{(1)}}{\partial x^2 \partial z}\frac{\partial^2 \phi_1}{\partial z \partial x}-\frac{\partial^4 \psi_m^{(1)}}{\partial x^3 \partial z}\frac{\partial \phi_1}{\partial z})_{z=-d_1}$$

$$\qquad\qquad\qquad\qquad\qquad\qquad\qquad\qquad\qquad\qquad\qquad (3\text{-}21)$$

$$\int_{-h}^{-d_2}(\phi_i^{(2)}\frac{\partial \psi_m^{(2)}}{\partial x}-\frac{\partial \phi_i^{(2)}}{\partial x}\psi_m^{(2)})\mathrm{d}z$$

$$+\frac{L_2}{\rho\omega^2}(\frac{\partial^4 \phi_i^{(2)}}{\partial x^3 \partial z}\frac{\partial \psi_m^{(2)}}{\partial z}-\frac{\partial^3 \phi_i^{(2)}}{\partial x^2 \partial z}\frac{\partial^2 \psi_m^{(2)}}{\partial z \partial x}+\frac{\partial^3 \psi_m^{(2)}}{\partial x^2 \partial z}\frac{\partial^2 \phi_i^{(2)}}{\partial z \partial x}-\frac{\partial^4 \psi_m^{(2)}}{\partial x^3 \partial z}\frac{\partial \phi_i^{(2)}}{\partial z})_{z=-d_2}\ (x=x_2)$$

$$=0$$

$$\qquad\qquad\qquad\qquad\qquad\qquad\qquad\qquad\qquad\qquad\qquad (3\text{-}22)$$

观察式(3-21)与式(3-22)，不难发现等号左端最后一项都含有冰的边缘条件。不失一般性与考虑到实际物理情形，本章取冰端点为自由漂浮，满足端点处弯矩与剪力为零，即满足：

$$\frac{\partial^2}{\partial x^2}(\frac{\partial \phi_i}{\partial z})=\frac{\partial^3}{\partial x^3}(\frac{\partial \phi_i}{\partial z})=0\quad (x=x_j,z=-d_j) \qquad (3\text{-}23)$$

代入式(3-21)和式(3-22)，分别可得子域 Ω_1 与 Ω_2 内如下边界积分方程：

$$\int_{-H}^{-d_1}(\phi_i^{(1)}\frac{\partial \psi_m^{(1)}}{\partial x}-\frac{\partial \phi_i^{(1)}}{\partial x}\psi_m^{(1)})\mathrm{d}z+\frac{L_1}{\rho\omega^2}(\frac{\partial^3 \psi_m^{(1)}}{\partial x^2 \partial z}\frac{\partial^2 \phi_i^{(1)}}{\partial z \partial x}-\frac{\partial^4 \psi_m^{(1)}}{\partial x^3 \partial z}\frac{\partial \phi_i^{(1)}}{\partial z})_{z=-d_1}=\delta_{0,i}I_i\ (x=x_1)$$

$$\qquad\qquad\qquad\qquad\qquad\qquad\qquad\qquad\qquad\qquad\qquad (3\text{-}24)$$

$$\int_{-H}^{-d_2}\left(\phi_i^{(2)}\frac{\partial \psi_m^{(2)}}{\partial x}-\frac{\partial \phi_i^{(2)}}{\partial x}\psi_m^{(2)}\right)\mathrm{d}z+\frac{L_2}{\rho\omega^2}\left(\frac{\partial^3 \psi_m^{(2)}}{\partial x^2 \partial z}\frac{\partial^2 \phi_i^{(2)}}{\partial z \partial x}-\frac{\partial^4 \psi_m^{(2)}}{\partial x^3 \partial z}\frac{\partial \phi_i^{(2)}}{\partial z}\right)_{z=-d_2}=0\ (x=x_2)$$

$$\qquad\qquad\qquad\qquad\qquad\qquad\qquad\qquad\qquad\qquad\qquad (3\text{-}25)$$

其中，式(3-24)右端项为已知量：

$$I_i=\int_{-H}^{-d_1}\left(\phi_1\frac{\partial \psi_m^{(1)}}{\partial x}-\frac{\partial \phi_1}{\partial x}\psi_m^{(1)}\right)\mathrm{d}z+\frac{\delta_{0,i}L_1}{\rho\omega^2}\left(\frac{\partial^3 \psi_m^{(1)}}{\partial x^2 \partial z}\frac{\partial^2 \phi_1}{\partial z \partial x}-\frac{\partial^4 \psi_m^{(1)}}{\partial x^3 \partial z}\frac{\partial \phi_1}{\partial z}\right)_{z=-d_1} \qquad (3\text{-}26)$$

3.3.3　自由面流域内 Green 函数法

在自由面子域 Ω_3 内，依然选用边界元法进行求解，但是边界积分方程选用的函数与冰域内有所区别，在自由面子域内使用 Green 函数来构建边界积分方程。需要指出的是，Green 函数为满足流域方程和特定边界条件下的协调函数，可通过傅里叶变换等方式求得，如第 2 章所述，针对不同的边界条件，推导得到的 Green 函数不尽相同。应用 Green 第三公式，将自由面流域方程转换为边界 S 上的边界积分方程：

$$\alpha(p)\phi_i^{(3)}(p) = \int_S [G(p,q)\frac{\partial \phi_i^{(3)}(q)}{\partial n_q} - \frac{\partial G(p,q)}{\partial n_q}\phi_i^{(3)}(q)]\mathrm{d}S_q \tag{3-27}$$

式中，$S = S_0 + S_F + \Sigma_1 + \Sigma_2 + S_B$，包括浮体表面边界 S_0，自由面边界 S_F，两个垂向交界边界 Σ_1 和 Σ_2，底部表面边界 S_B；$\alpha(p)$ 为场点 $p(x,z)$ 的固角系数，$q(\xi,\zeta)$ 为源点。

本章中，在式 (3-27) 中所用的 Green 函数为简单源 Green 函数[4]：

$$G(p,q) = \ln(1/r_1) + \ln(1/r_2) \tag{3-28}$$

式中，$r_1 = \sqrt{(x-\xi)^2 + (z-\zeta)^2}$、$r_2 = \sqrt{(x-\xi)^2 + (z+\zeta+2H)^2}$ 分别为场点与源点之间、场点与源点镜像点之间的距离。源点镜像点为源点关于海床底部的平面镜像点，在 $z = -H$ 处，存在 $\partial G/\partial z = 0$，因此该 Green 函数可以消除平底海床上的积分，进而简化方程。对每块冰层侧向边界上应用边界条件 (3-13)，代入边界积分方程式 (3-27)，可得

$$\alpha(p)\phi_i^{(3)}(p) = \int_{S_0+S_F} [G(p,q)\frac{\partial \phi_i^{(3)}(q)}{\partial n_q} - \frac{\partial G(p,q)}{\partial n_q}\phi_i^{(3)}(q)]\mathrm{d}S_q$$

$$- \int_{-h}^0 [\frac{\partial G(p,q)}{\partial n_q}\phi_i^{(3)}(q)]_{\xi=x_1}\mathrm{d}\zeta - \int_{-h}^0 [\frac{\partial G(p,q)}{\partial n_q}\phi_i^{(3)}(q)]_{\xi=x_2}\mathrm{d}\zeta \tag{3-29}$$

$$+ \int_{-h}^{-d_1} [G(p,q)\frac{\partial \phi_i^{(3)}(q)}{\partial n_q}]_{\xi=x_1}\mathrm{d}\zeta + \int_{-h}^{-d_1} [G(p,q)\frac{\partial \phi_i^{(3)}(q)}{\partial n_q}]_{\xi=x_2}\mathrm{d}\zeta$$

在垂向交界面 $x = x_j$ 上，将自由面流域内的速度势 $\phi_i^{(3)}$ 沿垂向进行级数展开：

$$\phi_i^{(3)}(x_j, z) = \sum_{m=0}^{\infty} C_{i,m}^{(j)}\psi_m^{(3)} \tag{3-30}$$

式中，

$$\psi_m^{(3)} = \frac{\cos\left[\kappa_m^{(3)}(z+h)\right]}{\cos(\kappa_m^{(3)}h)} \tag{3-31}$$

$\kappa_m^{(3)}$ 满足自由面色散方程：

$$-\kappa_m^{(3)}\tan\left(\kappa_m^{(3)}h\right) = \frac{\omega^2}{g} \tag{3-32}$$

其中，$\kappa_0^{(3)}$ 为正虚根，$\kappa_m^{(3)}$ ($m=1,2,\cdots$) 为正实根。将速度势表达式(3-30)代入边界积分方程式(3-29)整理可得如下表达式：

$$
\begin{aligned}
\alpha(p)\phi_i^{(3)}(p) = &\int_{S_0}[G(p,q)\frac{\partial \phi_i^{(3)}(q)}{\partial n_q} - \frac{\partial G(p,q)}{\partial n_q}\phi_i^{(3)}(q)]\mathrm{d}S_q \\
&+ \int_{S_\mathrm{F}}[G(p,q)\frac{\partial \phi_i^{(3)}(q)}{\partial n_q} - \frac{\partial G(p,q)}{\partial n_q}\phi_i^{(3)}(q)]\mathrm{d}S_q \\
&+ \sum_{m=0}^{\infty} C_{i,m}^{(1)}\int_{-h}^{0}[\frac{\partial G(p,q)}{\partial n_q}\psi_m^{(3)}(\zeta)]_{\xi=x_1}\,\mathrm{d}\zeta \\
&- \sum_{m=0}^{\infty} C_{i,m}^{(2)}\int_{-h}^{0}[\frac{\partial G(p,q)}{\partial n_q}\psi_m^{(3)}(\zeta)]_{\xi=x_2}\,\mathrm{d}\zeta \\
&- \int_{-h}^{-d_1}[G(p,q)\frac{\partial \phi_i^{(3)}(q)}{\partial n_q}]_{\xi=x_1}\,\mathrm{d}\zeta + \int_{-h}^{-d_2}[G(p,q)\frac{\partial \phi_i^{(3)}(q)}{\partial n_q}]_{\xi=x_2}\,\mathrm{d}\zeta
\end{aligned}
\tag{3-33}
$$

3.4　子域交界面上的匹配处理

在各个子域之间的交界面上，需满足对应的匹配条件。对于子域速度势的匹配解法，Wadhams 等[37,132]并未计及冰边缘一系列衰减速度势，大部分衰减速度势能量集中在表面，衰减速度势只在 $z=0$ 表面进行匹配；Fox 和 Squire[38]计及了衰减项，提出了完全匹配的必要性。考虑到衰减项的重要性，对于直接计算法，本书选择完全匹配。对于流场中的任意点，满足压力和速度连续，即

$$\phi_i^{(j)} = \phi_i^{(3)}, \quad \frac{\partial \phi_i^{(j)}}{\partial x} = \frac{\partial \phi_i^{(3)}}{\partial x} \ (x=x_j, j=1,2) \tag{3-34}$$

为应用这两个条件，将冰层覆盖的子域 Ω_1 速度势式(3-14)和 Ω_2 速度势式(3-15)法向导数代入自由面子域 Ω_3 边界积分方程式(3-33)的最后两项交界面项，应用式(3-16)，整理可得如下式：

$$\alpha(p)\phi_i^{(3)}(p) = \int_{S_0}[G(p,q)\frac{\partial\phi_i^{(3)}(q)}{\partial n_q} - \frac{\partial G(p,q)}{\partial n_q}\phi_i^{(3)}(q)]\mathrm{d}S_q$$

$$+ \int_{S_F}[G(p,q)\frac{\partial\phi_i^{(3)}(q)}{\partial n_q} - \frac{\partial G(p,q)}{\partial n_q}\phi_i^{(3)}(q)]\mathrm{d}S_q$$

$$+ \sum_{m=0}^{\infty}C_{i,m}^{(1)}F_m(x,z,x_1) - \sum_{m=0}^{\infty}C_{i,m}^{(2)}F_m(x,z,x_2) \tag{3-35}$$

$$+ \delta_{0,i}\frac{g}{\mathrm{i}\omega}G_0^{(1)}(x,z,x_1) - \sum_{m=0}^{\infty}R_{i,m}G_m^{(1)}(x,z,x_1)$$

$$+ \sum_{m=0}^{\infty}T_{i,m}G_m^{(2)}(x,z,x_2)$$

式中,

$$F_m(x,z,\xi) = \int_{-h}^{0}[\frac{\partial G(p,q)}{\partial n_q}\psi_m^{(3)}(\zeta)]\mathrm{d}\zeta \tag{3-36}$$

$$G_m^{(j)}(x,z,\xi) = \int_{-h}^{-d_j}[G(p,q)\frac{\partial\phi_i^{(j)}(q)}{\partial n_q}]\mathrm{d}\zeta \tag{3-37}$$

沿水深方向的积分通过数值或基于指数积分解析皆可求解。当场点 p 位于交界面 $x=x_j$ 上,将自由面子域 Ω_3 级数展开式(3-30)代入式(3-35)左端,两侧同乘以 $\psi_{m'}^{(3)}$,并对 z 沿 $z\in[-H,0]$ 积分,整理可得如下边界积分方程:

$$\frac{\pi C_{i,m'}^{(j)}}{\cos 2(\kappa_{m'}^{(3)}H)}[\frac{H}{2} + \frac{\sin(2\kappa_{m'}^{(3)}H)}{4\kappa_{m'}^{(3)}}]$$

$$= \int_{-H}^{0}\psi_{m'}^{(3)}(z)\mathrm{d}z\int_{S_0}[G(p,q)\frac{\partial\phi_i^{(3)}(q)}{\partial n_q} - \frac{\partial G(p,q)}{\partial n_q}\phi_i^{(3)}(q)]\mathrm{d}S_q$$

$$+ \int_{-H}^{0}\psi_{m'}^{(3)}(z)\mathrm{d}z\int_{S_F}[G(p,q)\frac{\partial\phi_i^{(3)}(q)}{\partial n_q} - \frac{\partial G(p,q)}{\partial n_q}\phi_i^{(3)}(q)]\mathrm{d}S_q \tag{3-38}$$

$$+ \sum_{m=0}^{\infty}C_{i,m}^{(1)}FF_{m',m}(x,x_1) - \sum_{m=0}^{\infty}C_{i,m}^{(2)}FF_m(x,x_2)$$

$$+ \delta_{0,i}\frac{g}{\mathrm{i}\omega}GG_{m',0}^{(1)}(x,x_1) - \sum_{m=0}^{\infty}R_{i,m}GG_{m',m}^{(1)}(x,x_1)$$

$$+ \sum_{m=0}^{\infty}T_{i,m}GG_{m',m}^{(2)}(x,x_2)$$

式中,

$$FF_{m',m}(x,\xi) = \int_{-h}^{0} \psi_{m'}^{(3)}(z)\mathrm{d}z \int_{-h}^{0} [\frac{\partial G(p,q)}{\partial n_q}\psi_m^{(3)}(\zeta)]\mathrm{d}\zeta \qquad (3\text{-}39)$$

$$GG_{m',0}^{(1)}(x,\xi) = \int_{-h}^{0} \psi_{m'}^{(3)}(z)\mathrm{d}z \int_{-h}^{-d_j} [G(p,q)\frac{\partial \phi_i^{(j)}(q)}{\partial n_q}]\mathrm{d}\zeta \qquad (3\text{-}40)$$

将自由面域内速度势式(3-30)分别代入冰域边界积分方程(3-24)以及(3-25)，当 $x=x_1$ 时，可得子域 Ω_1 边界积分方程：

$$\int_{-h}^{-d_1} (\sum_{m=0}^{\infty} C_{i,m}^{(1)}\psi_m^{(3)}\frac{\partial \psi_m^{(1)}}{\partial x} - \frac{\partial \phi_i^{(1)}}{\partial x}\psi_m^{(1)})\mathrm{d}z + \frac{L_1}{\rho\omega^2}(\frac{\partial^3 \psi_m^{(1)}}{\partial x^2\partial z}\frac{\partial^2 \phi_i^{(1)}}{\partial z\partial x} - \frac{\partial^4 \psi_m^{(1)}}{\partial x^3\partial z}\frac{\partial \phi_i^{(1)}}{\partial z})_{z=-d_1} = \delta_{0,i}I_i$$

$$(3\text{-}41)$$

当 $x=x_2$ 时，可得子域 Ω_2 边界积分方程：

$$\int_{-h}^{-d_2} (\sum_{m=0}^{\infty} C_{i,m}^{(2)}\psi_m^{(3)}\frac{\partial \psi_m^{(2)}}{\partial x} - \frac{\partial \phi_i^{(2)}}{\partial x}\psi_m^{(2)})\mathrm{d}z + \frac{L_2}{\rho\omega^2}(\frac{\partial^3 \psi_m^{(2)}}{\partial x^2\partial z}\frac{\partial^2 \phi_i^{(2)}}{\partial z\partial x} - \frac{\partial^4 \psi_m^{(2)}}{\partial x^3\partial z}\frac{\partial \phi_i^{(2)}}{\partial z})_{z=-d_2} = 0$$

$$(3\text{-}42)$$

3.5　数　值　离　散

为了数值求解整个问题，将式(3-14)、式(3-15)及式(3-30)中的无穷项级数截断为有限个数，其截断级数分别为 M_1、M_2 和 M_3，其中 $M_1=M_2=M-2$，$M_3=M$。式(3-33)中 S_0、S_F 积分线利用 Hess-Smith 法[133]分别离散成 N_0 和 N_F 个子单元，子单元上速度势为常值，积分点取在子单元中心点，因此固角系数 $\alpha(p)$ 为 π。综上，式(3-35)、式(3-38)、式(3-41)和式(3-42)构成了含 $4M+4+N_0+N_F$ 个未知数的 $4M+4+N_0+N_F$ 方程组。

3.6　二维浮体水动力系数与运动方程

一旦速度势已知，通过 Bernoulli 方程可求得作用在浮体上的压力，通过压力在湿表面积分求得水动力。根据式(3-1)，水动力分成两个部分，即入射波引起的波浪激励力和辐射势引起的水动力。此外，整个系统还存在由于浮体振荡过程中浮力的变化引起的静压力。因此浮体的复数运动方程可表示为

$$\sum_{k=1}^{3} [-\omega^2(m_{jk}+\mu_{jk}) + \mathrm{i}\omega\lambda_{jk} + C_{jk}]\alpha_k = f_{\mathrm{E},j}\alpha_0 \quad (j=1,2,3) \qquad (3\text{-}43)$$

式中，$k = 1,2,3$ 分别表示横荡、垂荡和横摇；m_{jk} 和 C_{jk} 分别为浮体质量和静水恢复力系数；μ_{jk} 和 λ_{jk} 分别为附加质量(代表惯性力)和阻尼系数，

$$\mu_{jk} - \mathrm{i}\frac{\lambda_{jk}}{\omega} = \rho\int_{S_0}\phi_k n_j \mathrm{d}S \tag{3-44}$$

为辐射力的分量形式，式(3-44)左边第一项为惯性力，左边第二项为阻尼。运动方程(3-43)右端 $f_{\mathrm{E},j}$ 为单位波幅波浪激励力：

$$f_{\mathrm{E},j} = -\mathrm{i}\omega\rho\int_{S_0}\phi_0(x,z)n_j\mathrm{d}S \tag{3-45}$$

3.7　二维冰间航道浮体水动力程序验证与数值计算

3.7.1　有效性验证

首先选择浸没椭圆圆柱进行数值模拟验证，其几何参数方程为

$$(x - x_0)^2 / a^2 + (z - z_0)^2 / b^2 = 1 \tag{3-46}$$

式中，a 和 b 分别为椭圆圆柱沿 x 和 z 方向的半轴长；(x_0,z_0) 为圆柱中心，旋转中心 $(x',z') = (x_0,z_0)$。该算例出自文献[102]。为了验证本方法与程序的准确性，选用与文献[102]中相同的计算参数，即 $a = 1$、$b = 0.5$、$(x',z') = (0,-1)$、$h = 25$、$x_1 = -x_2 = -2.5$、$h_1 = 0.025$、$h_2 = 0.1$、$m_1 = 0.0225$、$m_2 = 0.09$、$L_1 = 0.0356$、$L_2 = 2.2791$、$d_1 = d_2 = 0$。

图 3.2 给出了两组不同的 M、N_0、N_F 下浸没椭圆圆柱附加质量随无因次频率 $\sigma = \omega^2 / ga$ 变化趋势。图中也给出了 Sturova[102] 计算结果。图 3.3 给出了相应的阻尼系数。由图可知，级数 $M = 70$、单元数目 $N_0 = 90$、$N_F = 180$ 与级数 $M = 100$、单元数目 $N_0 = 180$、$N_F = 360$ 两组算例所得结果基本一致，表面计算结果级数与网格数已收敛。同时，与 Sturova[102] 结果相比，本书计算结果与之吻合良好。如图 3.3 所示，阻尼系数的远场结果与近场结果吻合良好。以上综合验证了本章方法的可靠性和准确性。

关于物体漂浮于两侧为半无限长冰层的冰间航道内水动力问题，Ren 等[105] 获得了宽度 a、吃水 b 的箱型浮体半解析解，因此本书选用相同参数，即 $a = 1$、$b = 0.5$、$(x',z') = (0,-b/2)$、$h = 10$、$x_1 = -x_2 = -5$、$h_1 = h_2 = 0.1$、$d_1 = d_2 = 0.09$、$m_1 = m_2 = 0.09$、$L_1 = L_2 = 4.5582$，进一步进行对比验证。

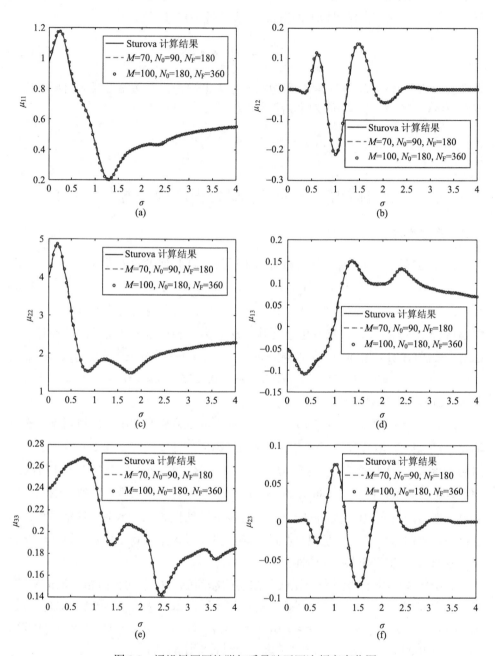

图 3.2　浸没椭圆圆柱附加质量随无因次频率变化图

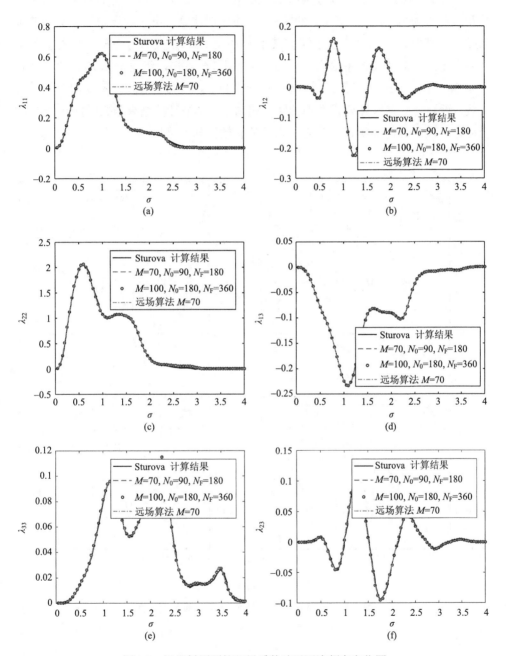

图 3.3　浸没椭圆圆柱阻尼系数随无因次频率变化图

　　图 3.4、图 3.5 和图 3.6 分别给出了箱型浮体在冰间航道内附加质量、阻尼系数和波浪激励力。其中，图 3.5 和图 3.6 中还分别计算给出了远场阻尼系数和波浪激励力。需要注意的是，由于浮体关于 $x=0$ 对称，μ_{jk} 和 λ_{jk} 对称与反对称的耦合项为零，因此未在图中给出。由图 3.4～图 3.6 可知，级数 $M=70$、单元数目 $N_0=90$、$N_F=180$ 与级数 $M=100$、单元数目 $N_0=180$、$N_F=360$ 两组算例结果收敛，近场公式与远场公式求得的结果相吻合，本书计算结果与文献[105]结果吻合良好。以上分析证明了本章方法求解的有效性和准确性。

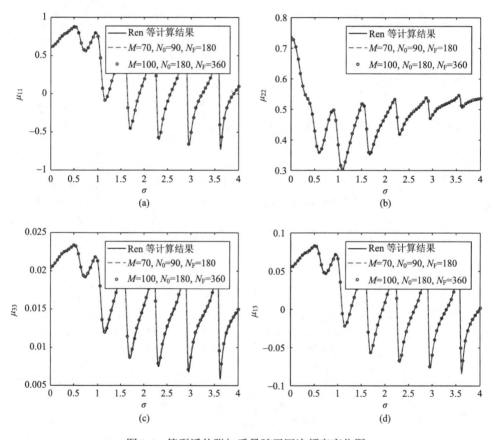

图 3.4　箱型浮体附加质量随无因次频率变化图

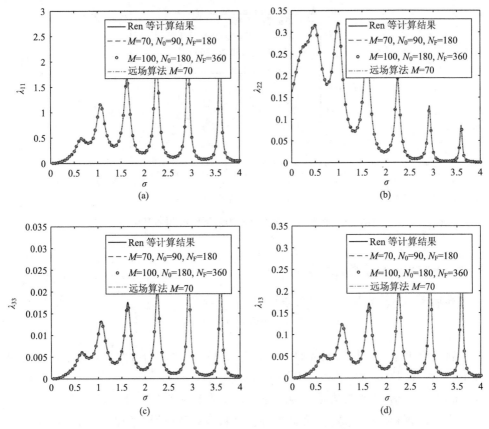

图 3.5 箱型浮体阻尼系数随无因次频率变化图

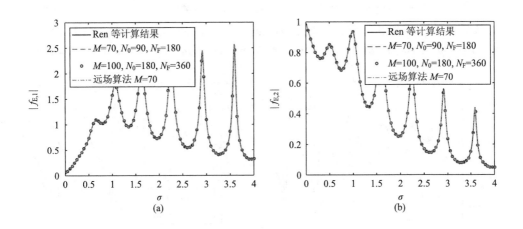

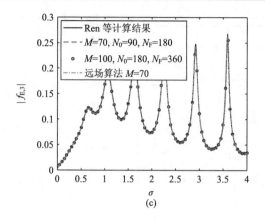

图 3.6　箱型浮体波浪激励力随无因次频率变化图

3.7.2　冰吃水对水动力的影响

最后选用一半椭圆圆柱，其方程为

$$x^2 / (a / 2)^2 + z^2 / b^2 = 1 \tag{3-47}$$

在入射波作用下，计算研究其漂浮在冰间航道内的水动力特性。其质心和旋转中心位于浮心位置，$(x', z') = (0, -4b / 3a\pi)$，浮体质量矩阵分量 $m_{11} = m_{22} = m = \pi b / 4a$，$m_{33}$ 为惯性力矩。静水恢复力系数非零项 $C_{22} = 1$、$C_{33} = 1 / 12$。鉴于前一小节计算验证已收敛，下文计算选择级数与离散单元组为 $M = 70$、$N_0 = 180$、$N_F = 360$。

图 3.7 和图 3.8 分别给出了两组不同冰吃水的该漂浮椭圆圆柱附加质量和阻尼系数，图 3.9 给出了该漂浮椭圆圆柱对应的波浪激励力。计算参数为 $a = 1$、$b = 0.5$、$(x', z') = (0, -b / 2)$、$h = 10$、$x_1 = -x_2 = -5$、$h_1 = h_2 = 0.1$、$d_1 = d_2 = 0.09$、

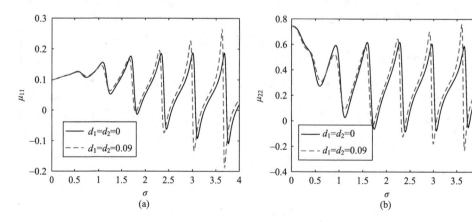

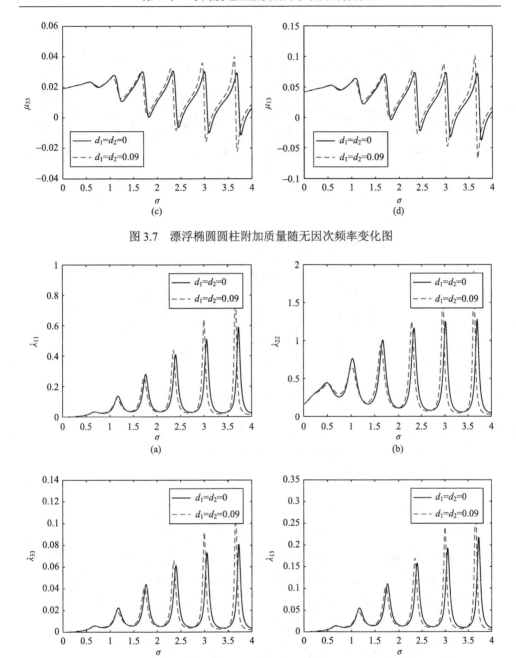

图 3.7　漂浮椭圆圆柱附加质量随无因次频率变化图

图 3.8　漂浮椭圆圆柱阻尼系数随无因次频率变化图

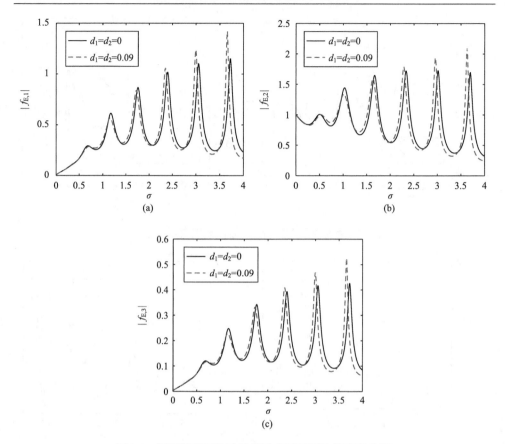

图 3.9　漂浮椭圆圆柱波浪激励力随无因次频率变化图

$m_1 = m_2 = 0.09$、$L_1 = L_2 = 4.5582$。由图可知，在波数很小时，$d_1 = d_2 = 0$ 和 $d_1 = d_2 = 0.09$ 结果相近。实际上，当波长较大时，冰层厚度相对很小，其引起的影响也相对较小。但是，这两种冰吃水结果并不是相等的，因为冰层表面的位置不相同，其上所施加的边界条件也会受影响。当波数逐渐增大时，两组冰吃水的结果逐渐出现差距。从极值点可观察到，当 $\sigma > 2$ 时，冰吃水不为零的水动力系数明显比冰吃水为零的结果大。

利用阻尼系数和波浪激励力的远场公式[105]：

$$\lambda_{kj} = \rho \omega (Q_0^{(1)} C_g^{(1)} R_{k,0}^* R_{j,0} + Q_0^{(2)} C_g^{(2)} R_{k,0}^* T_{j,0}) \quad (k, j = 1, 2, 3) \tag{3-48}$$

$$f_{E,j}^- = -2\mathrm{i}\rho g R_{j,0} C_g^{(1)} Q_0^{(1)} \quad (j = 1, 2, 3) \tag{3-49}$$

其中，

$$Q_0^{(j)} = \frac{\rho\omega[L_j(\kappa_0^{(j)})^4 + \rho g]}{[L_j(\kappa_0^{(j)})^4 + \rho g - m_j\omega^2]^2} \quad (j=1,2) \tag{3-50}$$

$C_g^{(j)}$ 为 Ω_j 冰层下波浪群速度：

$$C_g^{(j)} = \frac{\mathrm{d}\omega}{\mathrm{d}(-\mathrm{i}\kappa_0^{(j)})} = \mathrm{i}\frac{\dfrac{\omega}{2\kappa_0^{(j)}}(1 + \dfrac{2\kappa_0^{(j)}(h-d_j)}{\sin[2\kappa_0^{(j)}(h-d_j)]}) + \dfrac{2L_j(\kappa_0^{(j)})^3\omega}{L_j(\kappa_0^{(j)})^4 + \rho g - m_j\omega^2}}{\dfrac{L_j(\kappa_0^{(j)})^4 + \rho g}{L_j(\kappa_0^{(j)})^4 + \rho g - m_j\omega^2}} \quad (j=1,2)$$

$$\tag{3-51}$$

式 (3-50) 和式 (3-51) 中，j 指代冰层子域，在式 (3-48) 和式 (3-49) 中，j 指代运动模态。由式 (3-18) 可得 $Q_0^{(j)} > 0$、$C_g^{(j)} > 0$，因此 $\lambda_{kk} > 0$。当没有冰时，$C_g^{(j)}$ 和式 (3-48) 可退化到开敞水域解（参见文献[134]中式 (8.6.11)）。式 (3-49) 中 $f_{E,j}$ 上标 $-$ 表示为波浪从 $x = -\infty$ 传来。若波浪来自 $x = +\infty$，可写为

$$f_{E,j}^+ = -2\mathrm{i}\rho g T_{j,0} C_g^{(2)} Q_0^{(2)} \tag{3-52}$$

整理可得到阻尼系数和波浪激励力的关系：

$$\lambda_{kj} = \frac{\omega}{4\rho g^2}\left(\frac{(f_{E,k}^-)^*(f_{E,j}^-)}{C_g^{(1)}Q_0^{(1)}} + \frac{(f_{E,k}^+)^*(f_{E,j}^+)}{C_g^{(2)}Q_0^{(2)}}\right) \tag{3-53}$$

当无冰时候其结果可退化到开敞水域。需要注意的是，当 $d_1 = d_2 = d$ 时，由于对称性，有 $|R_{k,0}| = |T_{k,0}|$、$C_g^{(1)} = C_g^{(2)} = C_g$、$Q_0^{(1)} = Q_0^{(2)} = Q_0$，式 (3-53) 可以进一步简化。

从图 3.8 和图 3.9 中可知，当 $\omega \to 0$ 时，除了垂荡之外，阻尼系数和波浪激励力趋于零。事实上，从式 (3-3) 和式 (3-12) 可知，当 $\omega \to 0$ 时，自由面和冰面条件 $\partial\phi_k / \partial z = O(\omega^2)$。对整个流域 V、边界面 S 应用 Gauss 定理：

$$\oint_S \frac{\partial\phi_k}{\partial n}\mathrm{d}S = \int_V \nabla^2\phi_k\mathrm{d}V = 0 \tag{3-54}$$

移除底部条件项 $\partial\phi_k / \partial n = 0$，可得

$$\int_{S_{+\infty}} \frac{\partial\phi_k^{(2)}}{\partial x}\mathrm{d}S - \int_{S_{-\infty}} \frac{\partial\phi_k^{(1)}}{\partial x}\mathrm{d}S = -\int_{S_0} \frac{\partial\phi_k^{(3)}}{\partial n}\mathrm{d}S + O(\omega^2) \tag{3-55}$$

浮体物面条件式 (3-4) 使得上式右端项横荡和横摇为零，垂荡为 a。将式 (3-14) 与式 (3-15) 代入 (3-55) 左端项，进而当 $\omega \to 0$ 时，可得

$$-T_{k,0}\kappa_0^{(2)}(h-d_2) - R_{k,0}\kappa_0^{(1)}(h-d_1) = -a\delta_{k,2} + O(\omega^2) \tag{3-56}$$

当 $\omega \rightarrow 0$ 时，式(3-18)化简为

$$\omega^2 / (k_m^{(j)})^2 = -(h-d_j)g \tag{3-57}$$

以及

$$Q_0^{(j)} = \frac{\omega^2}{g} \tag{3-58}$$

$$C_g^{(j)} = \sqrt{(h-d_j)g} \tag{3-59}$$

将上述结果代入式(3-48)与式(3-49)，可得

$$\lambda_{22} = \frac{\rho a^2 \sqrt{g/(h-d)}}{2} \tag{3-60}$$

$$f_{E,2} = -\rho g a \tag{3-61}$$

其他 λ_{kj} 与 $f_{E,k}$ 项为零。无因次化后，可得 $\lambda_{22}/(\rho a^2 \sqrt{g/a}) = \sqrt{a/(h-d_1)}/2$，$|f_{E,2}|/(\rho g a) = 1$，这与图3.8(b)和图3.9(b)结果一致，并且在前文图3.5和图3.6中也得到验证。

由式(3-60)易知，当其他参数保持不变时，随着 d 的增大，阻尼系数也增大。这与式(3-56)中当 d 增大时 $R_{k,0}$ 增大有关，其中在本算例中 $|R_{k,0}| = |T_{k,0}|$。在图3.8和图3.9中，两种吃水的结果差别相对较小，但是，在峰值与谷值点处，这种差别意义较大。由图可知，这些极值点附近的斜率接近无穷，一点微小的变化都会对结果造成较大的影响。图3.10进一步给出了 $R_{k,0}$ 随 σ 变化趋势，由式(3-48)与式(3-49)可知，其随频率以及吃水的影响与图3.8和图3.9类似。图3.11给出了波浪经过含浮体的冰间航道的反射系数 $|R_{0,0}|$ 与透射系数 $|T_{0,0}|$ 随频率变化趋势，由图可知，当 $\sigma < 2$ 时，冰吃水不为零时的局部最大值比零吃水小，当 $\sigma > 2$ 时，

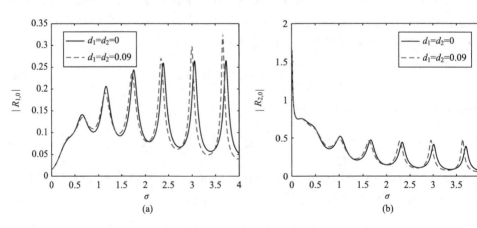

(a)　　　　　　　　　　　　　　(b)

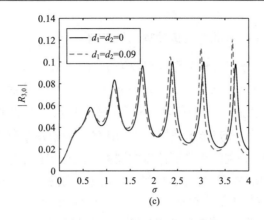

图 3.10　漂浮椭圆圆柱反射系数随无因次频率变化图

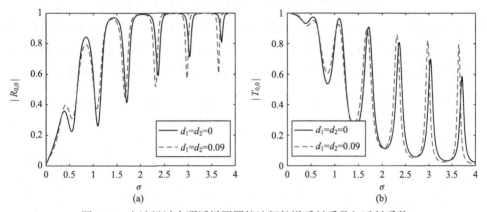

图 3.11　水波经过含漂浮椭圆圆柱冰间航道反射系数与透射系数

前者反而比后者大很多，这与上文的水动力规律相符。由图 3.11 和图 3.7～图 3.9 可知，在冰吃水不为零与为零两种情况下，水动力极值出现的频率位置都与透射系数极值出现的位置相近。

对于一些阻尼系数 λ_{kj}，从图 3.8 中可知，在计算波浪频率域内，局部最大值随着 σ 的增大而增大。在图 3.5 漂浮箱型物体算例中也观察到类似的现象。在开敞水域里，众所周知，由于波浪生成并向外传播，当 $\sigma \to 0$ 时，λ_{kj} 趋于零。随着 σ 的增大，阻尼系数会出现一个波峰，然后随着频率 σ 的继续增大而减小，当 $\sigma \to \infty$ 时，λ_{kj} 趋于零。在冰间航道内，可以看出阻尼系数遵循了与开敞水域类似的趋势。因此，虽然其局部最大值在一定的频率范围内随频率增大而增大，但是当频率趋于无穷时，阻尼系数会趋于零。

3.7.3　结构物尺度比对水动力及运动响应的影响

此小节计算中，冰间航道参数分别取为 $h=10$ 、$x_1=-x_2=-5$ 、$h_1=h_2=0.1$ 、$d_1=d_2=0.09$ 、$m_1=m_2=0.09$ 、$L_1=L_2=4.5582$ 。浮体水线面宽度保持 $a=1$ ，转动惯性 $m_{33}=0.05$ ，变换 b/a 。考虑三种不同的浮体尺度形状比，即 $b/a=0.25$ 、0.5 、0.75 。而 $b/a=0.25$ 开敞水域算例作为比较，也给出了相应的计算结果。

图 3.12 和图 3.13 分别给出了漂浮椭圆圆柱不同形状比下附加质量和阻尼系数随无因次频率变化趋势，图 3.14 给出了相应的波浪激励力的变化。显而易见，当 $b/a=0.5$ 时，圆柱截面为一个圆形，当旋转中心位于 $(0,0)$ 时，流体不会受横摇运动的影响。不失一般性，当旋转中心位于 $(0,z')$ 时，对于 $b/a=0.5$ ，有 $n_3=-z'n_1$ ，因此 $\phi_3=-z'\phi_1$ ，即横摇模态物理量可以由横荡模态获得。由图可知，附加质量和阻尼系数都随浮体形状比 b/a 的增大而增大。这是由于 b/a 越大，将流体推开所需要的力也越大。同样，如若存在入射波，b/a 越大，说明在波浪前进过程中所遇到的阻碍也越大，这就导致了更大幅值的波浪激励力。当无因次频率 $\sigma \to 0$ 时，

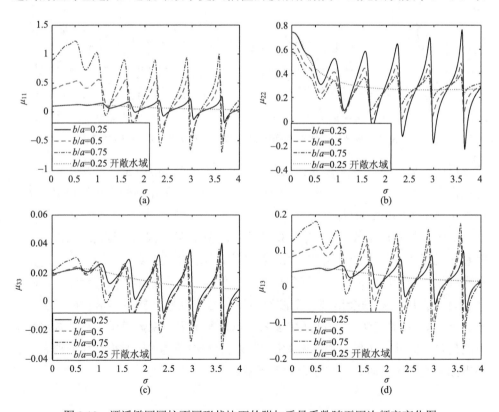

图 3.12　漂浮椭圆圆柱不同形状比下的附加质量系数随无因次频率变化图

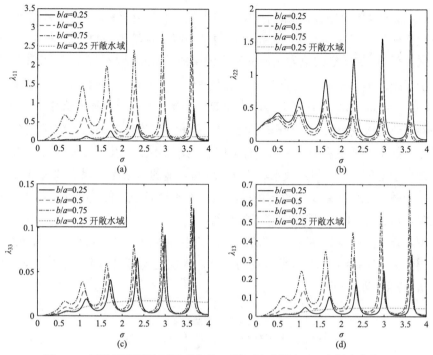

图 3.13　漂浮椭圆圆柱不同形状比下的阻尼系数随无因次频率变化图

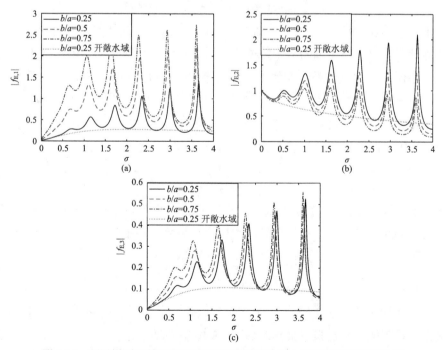

图 3.14　漂浮椭圆圆柱不同形状比下的波浪激励力随无因次频率变化图

横荡阻尼系数和波浪激励力如同前文讨论所述，也会趋于零。对于横荡附加质量，值得注意的是，当 $\sigma \to 0$ 时，开敞水域内半椭圆圆柱结果与浸没流场完整椭圆圆柱结果相等，附加质量的值为 $\pi \rho b^2 / 2$，无因次化后为 $\pi (b/a)^2 / 2$，这在图 3.12(a) 中有所反映。但由于冰吃水的影响，图中结果上并不是相等的。对于垂荡模态，即 $\partial \phi_2 / \partial n = n_2$，由于浮体侧面与水面垂直，有 $n_2 = 0$，对流体的扰动主要来自浮体底部。当吃水变小时，这种影响更明显，因此，当浮体无因次宽度保持不变时，需要更大的附加质量和阻尼系数。对于横摇，结果不仅计及了浮体形状比的变化，还有旋转中心的变化。与开敞水域相比，冰间航道的结果随无因次频率振荡明显。这是由开敞水域与冰层覆盖流域内的波浪反射和透射引起的，其在浮体周围产生了驻波，与文献[105]出现的振荡现象相符。

图 3.15 给出了漂浮椭圆圆柱的运动，图中亦给出 $b/a = 0.25$ 开敞水域结果。由于浮体关于 $x = 0$ 对称，垂荡运动与横荡、横摇运动可以解耦，由式(3-43)可得无因次垂荡运动：

$$
\begin{aligned}
\left| \frac{\alpha_2}{\alpha_0} \right|^2 &= \frac{\left| f_{E,2} \right|^2}{[-\sigma(m_{22} + \mu_{22}) + C_{22}]^2 + \sigma \lambda_{22}{}^2} \\
&= \frac{2\lambda_{22} C_g Q_0 / \sqrt{\sigma}}{[-\sigma(m_{22} + \mu_{22}) + C_{22}]^2 + \sigma \lambda_{22}{}^2}
\end{aligned}
\tag{3-62}
$$

由图 3.15(b)可知，当无因次频率 $\sigma \to 0$ 时，对于不同的浮体形状比 b/a，其 α_2 / α_0 都趋于 1。这是因为对于频率为零时，由于不存在水动力影响，为了使浮体的浮心保持在同一位置，浮体是随波逐流的。通过式(3-62)也可以说明和解释问题。将式(3-61)无因次化后，可得 $|f_{E,2}| = |C_{22}|$，当 $\sigma \to 0$ 时，$|\alpha_2 / \alpha_0| = 1$。对于一个弹簧系统，若质量为常值，给一定幅值激励，产生阻尼和刚度，当惯性力和恢复力抵消时，其运动幅值最大。针对式(3-62)，也就是 σ 满足：

$$
f_2 = \frac{C_{22}}{m_{22} + \mu_{22}}
\tag{3-63}
$$

对于当前问题，μ_{22} 为频率 σ 的函数，图 3.16(a)给出了每个浮体形状比 b/a 下 f_2 随 σ 变化趋势。其与 $f = \sigma$ 相交时，惯性力与恢复力相抵消，则式(3-62)转化为

$$
\left| \frac{\alpha_2}{\alpha_0} \right|^2 = \frac{\left| f_{E,2} \right|^2}{\sigma (\lambda_{22})^2} = \frac{2C_g Q_0}{\sigma^{3/2} \lambda_{22}}
\tag{3-64}
$$

由图 3.16(a)可知，图中出现了一系列的相交点，由于 $C_g Q_0 / \sigma^{3/2}$ 变化缓慢，最大运动最可能出现在阻尼最小时。由图 3.16(b)可知，对于 $b/a = 0.25$、0.5、0.75，

垂荡运动最大值出现在 $\sigma = 2.55$、1.84、1.27 处，分别对应第五、第三和第一个自然频率。除最大波峰之外，局部还有很多小波峰，与开敞水域的运动差别很大。当然，最可靠的方式是通过对式(3-62)求导，找到极值点，但是经过以上分析，依然很好地显示了结果与浮体无阻尼自然频率之间的联系。

横荡和横摇运动是反对称的，而且是耦合的，因此满足：

$$|\alpha_1| / \alpha_0 = |Y_1| / |Y| \tag{3-65}$$

$$|\alpha_3| / \alpha_0 = |Y_3| / |Y| \tag{3-66}$$

其中，

$$Y_1 = [-\sigma(m_{33} + \mu_{33}) + \mathrm{i}\sqrt{\sigma}\lambda_{33} + C_{33}]f_{E,1} - (\mathrm{i}\sqrt{\sigma}\lambda_{13} - \sigma\mu_{13})f_{E,3} \tag{3-67}$$

$$Y_3 = [-\sigma(m_{11} + \mu_{11}) + \mathrm{i}\sqrt{\sigma}\lambda_{11}]f_{E,3} - (\mathrm{i}\sqrt{\sigma}\lambda_{31} - \sigma\mu_{31})f_{E,1} \tag{3-68}$$

$$Y = [-\sigma(m_{11} + \mu_{11}) + \mathrm{i}\sqrt{\sigma}\lambda_{11}][-\sigma(m_{33} + \mu_{33}) + \mathrm{i}\sqrt{\sigma}\lambda_{33} + C_{33}] \\ - (\mathrm{i}\sqrt{\sigma}\lambda_{13} - \sigma\mu_{13})(\mathrm{i}\sqrt{\sigma}\lambda_{31} - \sigma\mu_{31}) \tag{3-69}$$

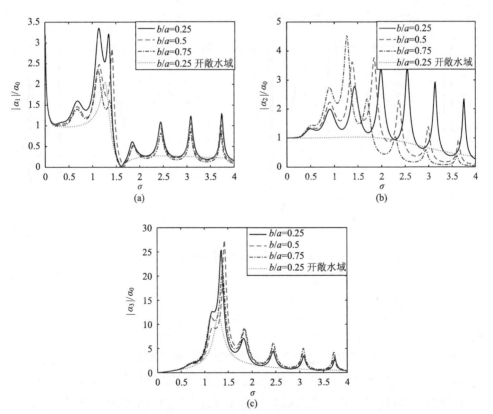

图 3.15　漂浮椭圆圆柱运动幅值响应

需要注意的是，横向运动并无恢复力。因此，当 $\sigma \to 0$ 时，式(3-69)量级为 $\Upsilon = O(\sigma)$，由式(3-49)、式(3-54)、式(3-56)和式(3-57)得到 $f_{E,1} = O(\sigma)$ 和 $f_{E,3} = O(\sigma)$，因而可得 $\Upsilon_1 = O(\sigma)$、$\Upsilon_3 = o(\sigma)$。因此，图3.15(a)显示当 $\sigma = 0$ 时，横摇运动为零，横荡不为零且为有限值。

对于耦合运动，其自然频率与对角线项运动不同。垂荡运动无阻尼自然频率由 α_2 / α_0 的分母实部等于零获得。同理，式(3-69) Υ 实部为零，即 σ 需满足：

$$f_{1,3} = \frac{(m_{11} + \mu_{11})C_{33}}{(m_{33} + \mu_{33})(m_{11} + \mu_{11}) - \mu_{13}\mu_{31}} \tag{3-70}$$

这里使用了 $\lambda_{11}\lambda_{33} = \lambda_{13}\lambda_{31}$，当 $|R_{k,0}| = |T_{k,0}|$ 时，由式(3-48)可直接求得该关系。图3.16(b)给出了 $f_{1,3}$ 随着 σ 变化趋势，同时也给出了 $f = \sigma$。由图可知，耦合项横荡对横摇运动不同浮体形状比下的第一个自然频率分别为 $\sigma = 1.36$、1.43、1.40。耦合项共振点处的运动响应比其他相交项大很多。Υ 的虚部有效反映阻尼。当 Υ 实部等于 0 时，其虚部幅值在 $b/a = 0.25$、0.5、0.75 情况下分别为 0.0014、0.0032、0.0078，远远小于其他振荡频率下的值。

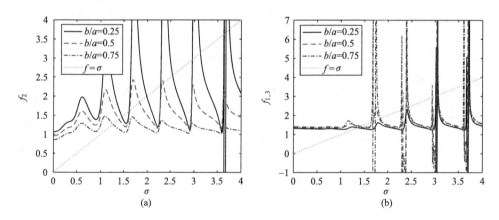

图3.16　漂浮椭圆圆柱自然频率

3.8　本章小结

对于二维单冰间航道问题，本章提出的流域分解模型，将含有海冰与自由表面的非均一条件的二维冰间航道问题转化为分别求解二维自由面流域、二维海冰流域问题，充分体现了自由面流域与海冰流域自身域内求解优势。本章基于两侧海冰覆盖流域本征函数速度势级数式与 Green 第二公式推导建立的边界积分方程，充分考虑了二维海冰方程与冰边缘条件的影响；对于航道内的自由面流域，基于 Green 第三公式与 Green 函数建立的边界积分方程，有效地减少了边界方程的计算量。结果表明，本章提出的混合方法是有效且准确的，可用于任意二维剖面形状浮体在冰间航道的水动力计算研究。

此外，极地航道内，浮体水动力随频率振荡剧烈变化。水动力与运动曲线波峰与波谷对冰吃水相对敏感度较高，远离波峰与波谷冰吃水影响减弱。浮体阻尼系数和波浪激励力与远场辐射幅值相关，前者的振荡特性机理可由后者推导证明。通过惯性力与恢复力的平衡，可获得整个冰间航道系统运动的自然频率。在计算频率范围内浮体运动存在一系列自然频率，阻尼在这些频率点值较小。

第4章 多冰间航道水波散射近似计算方法

4.1 概　　述

对于极地多组航道水波散射问题，可构造与第 3 章类似的直接数值求解方法进行计算。但随着航道数目的急剧增加，直接计算方法的求解就没有那么容易，其积分和矩阵的求解变得十分冗长与烦琐。因此，本章基于第 3 章单冰间航道问题的基本解，针对二维多冰间航道，提出了一种近似求解方法，旨在快速且精确地计算研究多冰间航道内水波特性。

4.2　多冰间航道流场的数学描述

4.2.1　问题描述与坐标系建立

如图 4.1 建立二维多冰间航道模型，其中，系统内存在 $n-2$ 块有限长度连续冰层，两端各有一块连续冰层分别向左右无限延伸。定义一组空间坐标系 Oxz，原点位于未受扰动的平均静水面，x 轴沿水平方向，z 轴垂直向上。第 j 块冰层的左右两个角点横坐标分别表示为 x_j^{L} 和 x_j^{R}，其中，第一块和最后一块冰沿横轴皆为半无限长，即 $x_1^{\mathrm{L}}=-\infty$，$x_n^{\mathrm{R}}=+\infty$。定义第 j 个子冰间航道的宽度为 $l_{\mathrm{F},j}=x_{j+1}^{\mathrm{L}}-x_j^{\mathrm{R}}$（$j=1,\cdots,n-1$），第 j 块冰层的长度为 $l_{\mathrm{I},j}=x_j^{\mathrm{R}}-x_j^{\mathrm{L}}$（$j=1,\cdots,n$），其中，$l_{\mathrm{I},1}$ 与 $l_{\mathrm{I},n}$ 为无穷长度。冰的长度远大于波长，即 $l_{\mathrm{I},j}\gg l$，水密度 ρ 和水深 h 为常值。流体无黏，无旋不可压，且流体运动相对于其波长为小量。

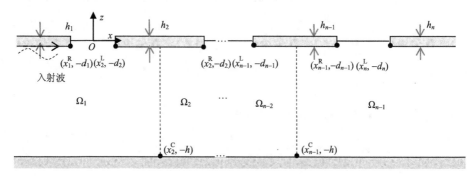

图 4.1　二维多冰间航道示意图

4.2.2 基本方程与边界条件

同第 3 章类似，运动随圆频率 ω 呈正弦变化，速度势可以表示为

$$\Phi(x,z,t) = \mathrm{Re}[\alpha_0\phi(x,z)\mathrm{e}^{\mathrm{i}\omega t}] = \mathrm{Re}\{\alpha_0[\phi_\mathrm{I}(x,z) + \phi_\mathrm{D}(x,z)]\mathrm{e}^{\mathrm{i}\omega t}\} \quad (4\text{-}1)$$

式中，ϕ_I 为单位幅值入射势，ϕ_D 为绕射势，α_0 为入射势幅值。此处，假定入射波经左侧海冰以弯曲重力波的形式传向右侧。

质量守恒定律使得流体速度势满足 Laplace 方程：

$$\nabla^2\phi_\mathrm{D} = 0 \quad (4\text{-}2)$$

各子域自由面满足线性运动学和动力学条件：

$$-\omega^2\phi_\mathrm{D} + g\frac{\partial\phi_\mathrm{D}}{\partial z} = 0 \quad (x_j^\mathrm{R} < x < x_{j+1}^\mathrm{L}, \ j = 1, \cdots, n-1, \ z = 0) \quad (4\text{-}3)$$

其中，g 为重力加速度。

每块冰为连续介质且各向同性，密度为 ρ_j，杨氏模量为 E_j，泊松比为 ν_j，冰厚度为 h_j，吃水为 d_j。以上量都为常数，不难得到冰底部表面边界条件：

$$\left(L_j\frac{\partial^4}{\partial x^4} - m_j\omega^2 + \rho g\right)\frac{\partial\phi}{\partial z} - \rho\omega^2\phi = 0 \quad (x_j^\mathrm{L} \leqslant x \leqslant x_j^\mathrm{R}, j = 1, \cdots, n, \ z = -d_j) \quad (4\text{-}4)$$

式中，$L_j = Eh_j^3/[12(1-\nu_j^2)]$，单位面积质量 $m_j = h_j\rho_j$。

不失一般性，本章取每块冰的端点条件为自由漂浮条件，满足弯矩和剪力为零：

$$\frac{\partial^2}{\partial x^2}\left(\frac{\partial\phi}{\partial z}\right) = 0, \quad \frac{\partial^3}{\partial x^3}\left(\frac{\partial\phi}{\partial z}\right) = 0, \quad (x_j^\mathrm{L} = -d_j, \ x_{j-1}^\mathrm{R} = -d_j, \ j = 2, \cdots, n) \quad (4\text{-}5)$$

冰层端点的垂直表面不可穿透，满足：

$$\frac{\partial\phi}{\partial x} = 0 \quad (x_j^\mathrm{L} = -d_j, \ x_{j-1}^\mathrm{R} = -d_j, \ -d_j \leqslant z \leqslant 0, \ j = 2, \cdots, n) \quad (4\text{-}6)$$

速度势需满足底部边界条件：

$$\frac{\partial\phi_\mathrm{D}}{\partial z} = 0 \quad (-\infty < x < +\infty, \ z = -h) \quad (4\text{-}7)$$

速度势还应满足相应的远方辐射条件：

$$\lim_{x\to-\infty}\left(\frac{\partial\phi_\mathrm{D}}{\partial x} - \kappa_0^{(1)}\phi_\mathrm{D}\right) = 0, \quad \lim_{x\to+\infty}\left(\frac{\partial\phi_\mathrm{D}}{\partial x} + \kappa_0^{(n)}\phi_\mathrm{D}\right) = 0 \quad (4\text{-}8)$$

式中，$\kappa_0^{(j)}$ 为如下色散方程：

$$-\kappa_0^{(j)}\tan[\kappa_0^{(j)}(H-d_j)]=\frac{\rho\omega^2}{L_j(\kappa_0^{(j)})^4+\rho g-m_j\omega^2}\quad(j=1,\cdots,n)\tag{4-9}$$

解出的纯正虚根。入射波自 $x=\mp\infty$ 向 $x=\pm\infty$ 传播：

$$\phi_I^L=Ie^{-\kappa_0^{(1)}x}f^{(1)}(z),\quad\phi_I^R=Ie^{\kappa_0^{(n)}x}f^{(n)}(z)\tag{4-10}$$

式中，$I=g/\mathrm{i}\omega$，$f^{(j)}(z)=\cos[\kappa_0^{(j)}(z+h)]/\cos[\kappa_0^{(j)}(h-d_j)]$。

4.3　流域分解匹配

4.3.1　第一种流域分解匹配方式

对于每个冰间航道，提出 wide space 假设，即假定冰块长度远大于其所夹的水域宽度，则这两块冰层可分别视为半无限长冰层。以第 j 个冰间航道为例，如图 4.2 所示，坐标系原点 O 位于冰间航道中心静水面。由式 (4-10) 可知来自 $X=-\infty$ 的入射势为 $\phi_I^L(X,Z)$，来自 $X=+\infty$ 的入射势为 $\phi_I^R(X,Z)$，当 I 取单位量时，得到的绕射势分别记为 $\phi_D^L(X,Z)$ 和 $\phi_D^R(X,Z)$。速度势渐近式 ψ_L 和 ψ_R 可表示为

$$\psi_L^{(j)}=(e^{-\kappa_0^{(j)}X}+R_L^{(j)}e^{+\kappa_0^{(j)}X})f^{(j)}(Z),X\to-\infty\tag{4-11}$$

$$\psi_L^{(j)}=T_L^{(j)}e^{-\kappa_0^{(j+1)}X}f^{(j+1)}(Z),X\to+\infty\tag{4-12}$$

$$\psi_R^{(j)}=T_R^{(j)}e^{+\kappa_0^{(j)}X}f^{(j)}(Z),X\to-\infty\tag{4-13}$$

$$\psi_R^{(j)}=(e^{+\kappa_0^{(j+1)}X}+R_R^{(j)}e^{-\kappa_0^{(j+1)}X})f^{(j+1)}(Z),X\to+\infty\tag{4-14}$$

其中，R 为反射系数，T 为透射系数，下标表示入射波浪从左至右或是从右至左传播。

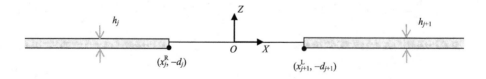

图 4.2　子单冰间航道示意图

从图 4.1 多冰间航道情形可知，从中提出的图 4.2 子单冰间航道问题，入射波相当于从两侧临近的冰间航道传过来的波浪，其幅值 ε 和 γ 是未知的。因此，在第 j 个子域 Ω_j 内，速度势可以表示为

$$\phi^{(j)}(x,z) = \varepsilon^{(j)} \psi_{\mathrm{L}}^{(j)}(x-x_j,z) + \gamma^{(j)} \psi_{\mathrm{R}}^{(j)}(x-x_j,z) \quad (j=1,\cdots,n-1) \qquad (4\text{-}15)$$

式中，$x_j = (x_j^{\mathrm{R}} + x_{j+1}^{\mathrm{L}})/2$。在相邻两个子域 Ω_j 与 Ω_{j+1} 的交界面上，即 $x = x_{j+1}^{\mathrm{C}}$，满足压力和速度连续：

$$\phi^{(j)}(x_{j+1}^{\mathrm{C}},z) = \phi^{(j+1)}(x_{j+1}^{\mathrm{C}},z), \quad \frac{\partial \phi^{(j)}(x_{j+1}^{\mathrm{C}},z)}{\partial x} = \frac{\partial \phi^{(j+1)}(x_{j+1}^{\mathrm{C}},z)}{\partial x} \quad (j=1,\cdots,n-2)$$
$$(4\text{-}16)$$

需要注意的是，x_{j+1}^{C} 作为 Ω_j 的 $X \to \infty$ 方向边界，也是 Ω_{j+1} 的 $X \to -\infty$ 方向边界。利用式(4-15)，将式(4-12)和式(4-14)代入式(4-16)左端，式(4-11)和式(4-13)代入式(4-16)右端，分别得到：

$$\varepsilon^{(j)} T_{\mathrm{L}}^{(j)} \mathrm{e}^{-\kappa_0^{(j+1)}\left(x_{j+1}^{\mathrm{C}}-x_j\right)} + \gamma^{(j)}\left(\mathrm{e}^{+\kappa_0^{(j+1)}\left(x_{j+1}^{\mathrm{C}}-x_j\right)} + R_{\mathrm{R}}^{(j)} \mathrm{e}^{-\kappa_0^{(j+1)}\left(x_{j+1}^{\mathrm{C}}-x_j\right)}\right)$$
$$= \varepsilon^{(j+1)}\left(\mathrm{e}^{-\kappa_0^{(j+1)}\left(x_{j+1}^{\mathrm{C}}-x_{j+1}\right)} + R_{\mathrm{L}}^{(j+1)} \mathrm{e}^{+\kappa_0^{(j+1)}\left(x_{j+1}^{\mathrm{C}}-x_{j+1}\right)}\right) + \gamma^{(j+1)} T_{\mathrm{R}}^{(j+1)} \mathrm{e}^{+\kappa_0^{(j+1)}\left(x_{j+1}^{\mathrm{C}}-x_{j+1}\right)} \qquad (4\text{-}17)$$

$$-\varepsilon^{(j)} T_{\mathrm{L}}^{(j)} \mathrm{e}^{-\kappa_0^{(j+1)}\left(x_{j+1}^{\mathrm{C}}-x_j\right)} + \gamma^{(j)}\left(\mathrm{e}^{+\kappa_0^{(j+1)}\left(x_{j+1}^{\mathrm{C}}-x_j\right)} - R_{\mathrm{R}}^{(j)} \mathrm{e}^{-\kappa_0^{(j+1)}\left(x_{j+1}^{\mathrm{C}}-x_j\right)}\right)$$
$$= \varepsilon^{(j+1)}\left(-\mathrm{e}^{-\kappa_0^{(j+1)}\left(x_{j+1}^{\mathrm{C}}-x_{j+1}\right)} + R_{\mathrm{L}}^{(j+1)} \mathrm{e}^{+\kappa_0^{(j+1)}\left(x_{j+1}^{\mathrm{C}}-x_{j+1}\right)}\right) + \gamma^{(j+1)} T_{\mathrm{R}}^{(j+1)} \mathrm{e}^{+\kappa_0^{(j+1)}\left(x_{j+1}^{\mathrm{C}}-x_{j+1}\right)} \qquad (4\text{-}18)$$

其中，$j=1,\cdots,n-2$。对式(4-17)和式(4-18)进行相减和相加运算，得到：

$$T_{\mathrm{L}}^{(j)} \varepsilon^{(j)} + R_{\mathrm{R}}^{(j)} \gamma^{(j)} - S^{(j+1)} \varepsilon^{(j+1)} = 0 \qquad (4\text{-}19)$$

$$-S^{(j+1)} \gamma^{(j)} + R_{\mathrm{L}}^{(j+1)} \varepsilon^{(j+1)} + T_{\mathrm{R}}^{(j+1)} \gamma^{(j+1)} = 0 \qquad (4\text{-}20)$$

其中，

$$S^{(j+1)} = \mathrm{e}^{\kappa_0^{(j+1)}(x_{j+1}-x_j)} = \mathrm{e}^{\kappa_0^{(j+1)}\left[(l_{\mathrm{F},j}+l_{\mathrm{F},j+1})/2+l_{\mathrm{I},j+1}\right]} \qquad (4\text{-}21)$$

如图 4.2 所示，定义整个系统的入射波自左向右传播，即有 $\varepsilon^{(1)}=1$ 和 $\gamma^{(n-1)}=0$。$R_{\mathrm{L}}^{(j)}$、$R_{\mathrm{R}}^{(j)}$、$T_{\mathrm{L}}^{(j)}$ 和 $T_{\mathrm{R}}^{(j)}$ 可由单个冰间航道求解，为已知量。因此，式(4-19)和式(4-20)组成了未知量个数为 $2n-4$ 的 $2n-4$ 线性方程组，用矩阵的形式表示可得

$$QX = D \qquad (4\text{-}22)$$

式中，

$$Q = \begin{bmatrix} b_1 & c_1 & & & & \\ a_2 & b_2 & c_2 & & & \\ & a_3 & \ddots & \ddots & & \\ & & \ddots & \ddots & c_{2n-5} \\ & & & a_{2n-4} & b_{2n-4} \end{bmatrix} \tag{4-23}$$

由上式可知，Q 为对角阵，矩阵元素分别为

$$\begin{cases} a_{2j} = -S^{(j+1)}, j=1,2,\cdots,n-2 \\ a_{2j+1} = T_L^{(j+1)}, j=1,2,\cdots,n-3 \end{cases} \begin{cases} b_{2j-1} = R_R^{(j)}, j=1,2,\cdots,n-2 \\ b_{2j} = R_L^{(j+1)}, j=1,2,\cdots,n-2 \end{cases}$$
$$\begin{cases} c_{2j-1} = -S^{(j+1)}, j=1,2,\cdots,n-2 \\ c_{2j} = T_R^{(j+1)}, j=1,2,\cdots,n-3 \end{cases} \tag{4-24}$$

式(4-22)相应的未知量和右端已知量为

$$X = \begin{bmatrix} \gamma^{(1)} \\ \varepsilon^{(2)} \\ \gamma^{(2)} \\ \vdots \\ \varepsilon^{(n-1)} \end{bmatrix}, \quad D = \begin{bmatrix} d_1 \\ d_2 \\ \vdots \\ \vdots \\ d_{2n-4} \end{bmatrix} \tag{4-25}$$

式中，

$$d_j = \begin{cases} -T_L^{(j)}, & j=1 \\ 0, & j=2,3,\cdots,2n-4 \end{cases} \tag{4-26}$$

$R_L^{(j)}$、$R_R^{(j)}$、$T_L^{(j)}$ 和 $T_R^{(j)}$ 采用精确求解法求解。此外，值得注意的是，事实上，当冰间航道的宽度远大于波长时，这些量也可以用本章方法进行近似求解，这就为第二种流域分解提供了契机。

当入射波来自 $x=-\infty$ 时，整个系统的速度势渐近式可以表示为

$$\phi(x,z) = \begin{cases} e^{-\kappa_0^{(1)}(x-x_1)} + \mathcal{R} e^{\kappa_0^{(1)}(x-x_1)} \varphi^{(1)}(z), & x \to -\infty \\ \mathcal{T} e^{-\kappa_0^{(n)}(x-x_{n-1})} \varphi^{(n)}(z), & x \to +\infty \end{cases} \tag{4-27}$$

式中，$\mathcal{R}$ 和 $\mathcal{T}$ 分别为整个系统的反射系数和透射系数。利用式(4-11)~式(4-15)，可得

$$\mathcal{R} = R_L^{(1)} + \gamma^{(1)} T_R^{(1)}, \quad \mathcal{T} = \varepsilon^{(n-1)} T_L^{(n-1)} \tag{4-28}$$

4.3.2　第二种流域分解匹配方式

如图 4.3 所示，在每个冰间航道内，对该子域再次分域，分成半无限长冰层覆盖流域到半无限长水域、半无限长水域到半无限长冰层覆盖流域两个子域，该问题的基本解转化成求解水波与单侧冰问题。易知，根据这种分域方式，整个多域冰间航道系统被分成了 $2n-2$ 个子域。

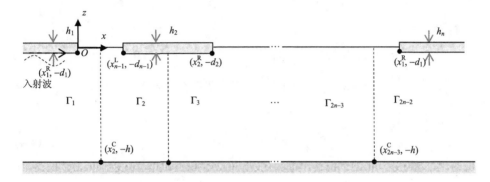

图 4.3　第二种流域分解方式

当子域序列号为奇数时，该子域内为冰层覆盖流域到自由面流域，则速度势可以表示：

$$\psi_{\mathrm{L}}^{(2j-1)} = (\mathrm{e}^{-\kappa_0^{(j)}X} + R_{\mathrm{L}}^{(2j-1)}\mathrm{e}^{+\kappa_0^{(j)}X})f^{(j)}(Z)，\quad X \to -\infty \tag{4-29}$$

$$\psi_{\mathrm{L}}^{(2j-1)} = T_{\mathrm{L}}^{(2j-1)}\mathrm{e}^{-\lambda_0 X}g(Z)，\quad X \to +\infty \tag{4-30}$$

$$\psi_{\mathrm{R}}^{(2j-1)} = T_{\mathrm{R}}^{(2j-1)}\mathrm{e}^{+\kappa_0^{(j)}X}f^{(j)}(Z)，\quad X \to -\infty \tag{4-31}$$

$$\psi_{\mathrm{R}}^{(2j-1)} = (\mathrm{e}^{+\lambda_0 X} + R_{\mathrm{R}}^{(2j-1)}\mathrm{e}^{-\lambda_0 X})g(Z)，\quad X \to +\infty \tag{4-32}$$

其中，$g(Z) = \cos[\lambda_0(z+h)]/\cos[\lambda_0(h)]$，$\omega^2 = \lambda_0 g \tanh \lambda_0 H$。$X = 0$ 取在冰端点。

当子域序号为偶数时，则有

$$\psi_{\mathrm{L}}^{(2j)} = (\mathrm{e}^{-\lambda_0 X} + R_{\mathrm{L}}^{(2j)}\mathrm{e}^{+\lambda_0 X})g(Z)，\quad X \to -\infty \tag{4-33}$$

$$\psi_{\mathrm{L}}^{(2j)} = T_{\mathrm{L}}^{(2j)}\mathrm{e}^{-\kappa_0^{(j+1)}X}f^{(j+1)}(Z)，\quad X \to +\infty \tag{4-34}$$

$$\psi_{\mathrm{R}}^{(2j)} = T_{\mathrm{R}}^{(2j)}\mathrm{e}^{+\lambda_0 X}g(Z)，\quad X \to -\infty \tag{4-35}$$

$$\psi_{\mathrm{R}}^{(2j)} = (\mathrm{e}^{+\kappa_0^{(j+1)}X} + R_{\mathrm{R}}^{(2j)}\mathrm{e}^{-\kappa_0^{(j+1)}X})f^{(j+1)}(Z)，\quad X \to +\infty \tag{4-36}$$

因而在子域 Γ_{2j-1}、Γ_{2j} 内的速度势 $\phi^{(2j-1)}$、$\phi^{(2j)}$ 分别表示为

$$\begin{cases} \phi^{(2j-1)}(x,z) = \varepsilon^{(2j-1)}\psi_{\mathrm{L}}^{(2j-1)}(x-x_{2j-1},z) + \gamma^{(2j-1)}\psi_{\mathrm{R}}^{(2j-1)}(x-x_{2j-1},z) \\ \phi^{(2j)}(x,z) = \varepsilon^{(2j)}\psi_{\mathrm{L}}^{(2j)}(x-x_{2j},z) + \gamma^{(2j)}\psi_{\mathrm{R}}^{(2j)}(x-x_{2j},z) \end{cases} \tag{4-37}$$

式中，$x_{2j-1} = x_j^{\mathrm{R}}$，$x_{2j} = x_j^{\mathrm{L}}$。

在 Γ_{2j-1}、Γ_{2j} 水面以下的交界面处，压力与速度势保证连续，即

$$\phi^{(2j-1)}(x_{2j}^{\mathrm{C}},z) = \phi^{(2j)}(x_{2j}^{\mathrm{C}},z)，\quad \frac{\partial\phi^{(2j-1)}(x_{2j}^{\mathrm{C}},z)}{\partial x} = \frac{\partial\phi^{(2j)}(x_{2j}^{\mathrm{C}},z)}{\partial x} \tag{4-38}$$

从而得到：

$$T_{\mathrm{L}}^{(2j-1)}\varepsilon^{(2j-1)} + R_{\mathrm{R}}^{(2j-1)}\gamma^{(2j-1)} - S^{(2j)}\varepsilon^{(2j)} = 0 \tag{4-39}$$

$$-S^{(2j)}\gamma^{(2j-1)} + R_{\mathrm{L}}^{(2j)}\varepsilon^{(2j)} + T_{\mathrm{R}}^{(2j)}\gamma^{(2j)} = 0 \tag{4-40}$$

其中，

$$S^{(2j)} = \mathrm{e}^{\lambda_0(x_{2j}-x_{2j-1})} = \mathrm{e}^{\lambda_0 l_{\mathrm{F},j+1}} \tag{4-41}$$

在 Γ_{2j} 和 Γ_{2j+1} 冰层下的交界面上，与式(4-39)和式(4-40)类似，可得

$$T_{\mathrm{L}}^{(2j)}\varepsilon^{(2j)} + R_{\mathrm{R}}^{(2j)}\gamma^{(2j)} - S^{(2j+1)}\varepsilon^{(2j+1)} = 0 \tag{4-42}$$

$$-S^{(2j+1)}\gamma^{(2j)} + R_{\mathrm{L}}^{(2j+1)}\varepsilon^{(2j+1)} + T_{\mathrm{R}}^{(2j+1)}\gamma^{(2j+1)} = 0 \tag{4-43}$$

其中，

$$S^{2j+1} = \mathrm{e}^{\kappa_0^{(j+1)}(x_{2j+1}-x_{2j})} = \mathrm{e}^{\kappa_0^{(j+1)}l_{\mathrm{I},j+1}} \tag{4-44}$$

对于一个含有 n 块冰组成的多域冰间航道，其包含 $2n-3$ 个子域交界面，从而建立未知量为 $4n-6$ 的 $4n-6$ 线性方程组。与式(4-23)类似，该分解方式下的系数矩阵也是窄带对角阵，即

$$\begin{cases} a_{2j} = -S^{(j+1)}, j = 1,2,\cdots,2n-3 \\ a_{2j+1} = T_{\mathrm{L}}^{(j+1)}, j = 1,2,\cdots,2n-4 \end{cases} \begin{cases} b_{2j-1} = R_{\mathrm{R}}^{(j)}, j = 1,2,\cdots,2n-3 \\ b_{2j} = R_{\mathrm{L}}^{(j+1)}, j = 1,2,\cdots,2n-3 \end{cases}$$
$$\begin{cases} c_{2j-1} = -S^{(j+1)}, j = 1,2,\cdots,2n-3 \\ c_{2j} = T_{\mathrm{R}}^{(j+1)}, j = 1,2,\cdots,2n-4 \end{cases} \tag{4-45}$$

而右端项为

$$d_j = \begin{cases} -T_{\mathrm{L}}^{(j)}, & j = 1 \\ 0, & j = 2,3,\cdots,4n-6 \end{cases} \tag{4-46}$$

4.4　基本解的由来

4.4.1　第一种流域分解的基本解

　　针对单个冰间航道问题的精确求解，在第 3 章中已经得到解决，区别在于在整个求解过程中，所有方程中需要刨除浮体部分的积分，这里不再赘述。

4.4.2　第二种流域分解的基本解

　　第二种分解方法需要获得水波与单侧冰散射问题精确解，在第 3 章方法基础上作一定处理后，亦可获得相应的精确解。如图 4.4 所示，以水波自自由面开敞水域向单侧冰域传播问题为例，在 $z = 0$ 上，发生一次边界条件的变化，因此将流域分成两个子域。有第 3 章基础在前，下文仅给出简要思路。

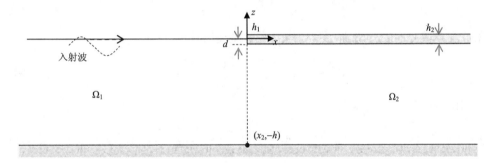

图 4.4　水波经过单侧冰示意图

　　对应子域内的速度势级数解可以表示为

$$\phi^{(1)} = \phi_1 + \sum_{m=0}^{\infty} R_m \psi_m^{(1)} \tag{4-47}$$

$$\phi^{(2)} = \sum_{m=-2}^{\infty} T_m \psi_m^{(2)} \tag{4-48}$$

其中，

$$\phi_1 = \frac{g}{\mathrm{i}\omega} \mathrm{e}^{-k_0^{(1)} x} \frac{\cos[k_0^{(1)}(z+H)]}{\cos[k_0^{(1)} H]} \tag{4-49}$$

$$\psi_m^{(1)} = \mathrm{e}^{k_0 x} \frac{\cos[k_m(z+H)]}{\cos\left[k_m H\right]} \tag{4-50}$$

$$\psi_m^{(2)} = \mathrm{e}^{-\kappa_0 x} \frac{\cos[\kappa_m(z+H)]}{\cos\left[\kappa_m(H-d)\right]} \tag{4-51}$$

在自由面子域 Ω_1 内，由于自由面无限延长，应用 Green 函数法进行求解相对不算最佳选择，因此选用与冰域 Ω_2 内类似处理方法，对子域 Ω_1 内 $\phi^{(1)} - \phi_1$ 与分量 $\psi_m^{(1)}$ 格应用 Green 第二公式，可得

$$\int_{-h}^{-d_1} (\phi^{(1)} \frac{\partial \psi_m^{(1)}}{\partial x} - \frac{\partial \phi^{(1)}}{\partial x} \psi_m^{(1)}) \mathrm{d}z = \delta_{0,i} \int_{-h}^{-d_1} (\phi_1 \frac{\partial \psi_m^{(1)}}{\partial x} - \frac{\partial \phi_1}{\partial x} \psi_m^{(1)}) \mathrm{d}z \quad (\Omega_1) \tag{4-52}$$

对 $\phi^{(2)}$ 与分量 $\psi_m^{(2)}$ 应用 Green 第二公式，类比第 3 章，整理可得冰域 Ω_2 内的边界积分方程：

$$\int_{-h}^{-d} (\phi^{(2)} \frac{\partial \psi_m^{(2)}}{\partial x} - \frac{\partial \phi^{(2)}}{\partial x} \psi_m^{(2)}) \mathrm{d}z + \frac{L}{\rho \omega^2} (\frac{\partial^3 \psi_m^{(2)}}{\partial x^2 \partial z} \frac{\partial^2 \phi^{(2)}}{\partial z \partial x} - \frac{\partial^4 \psi_m^{(2)}}{\partial x^3 \partial z} \frac{\partial \phi^{(2)}}{\partial z})_{z=-d} = 0 \quad (\Omega_2)$$

$$\tag{4-53}$$

在各个子域之间的交界面上利用压力和速度连续性：

$$\phi^{(1)} = \phi^{(2)} , \quad \frac{\partial \phi^{(1)}}{\partial x} = \frac{\partial \phi^{(2)}}{\partial x} \quad (x=0) \tag{4-54}$$

分别可得以下两组边界积分方程：

$$\int_{-h}^{-d_1} (\phi^{(1)} \frac{\partial \psi_m^{(1)}}{\partial x} - \frac{\partial}{\partial x} \sum_{m=-2}^{\infty} T_m \psi_m^{(2)} \psi_m^{(1)}) \mathrm{d}z = \delta_{0,i} \int_{-h}^{-d_1} (\phi_1 \frac{\partial \psi_m^{(1)}}{\partial x} - \frac{\partial \phi_1}{\partial x} \psi_m^{(1)}) \mathrm{d}z \quad (\Omega_1) \tag{4-55}$$

$$\int_{-h}^{-d} [(\phi_1 + \sum_{m=0}^{\infty} R_m \psi_m^{(1)} \phi^{(2)}) \frac{\partial \psi_m^{(2)}}{\partial x} - \frac{\partial \phi^{(2)}}{\partial x} \psi_m^{(2)}] \mathrm{d}z + \frac{L}{\rho \omega^2} (\frac{\partial^3 \psi_m^{(2)}}{\partial x^2 \partial z} \frac{\partial^2 \phi^{(2)}}{\partial z \partial x}$$

$$- \frac{\partial^4 \psi_m^{(2)}}{\partial x^3 \partial z} \frac{\partial \phi^{(2)}}{\partial z})_{z=-d} = 0 \quad (\Omega_2) \tag{4-56}$$

波从冰层以下向自由面传播问题求解思路与上述过程类似，便不再赘述。

4.5　多冰间航道内水波散射程序的验证与分析

对于本节内的计算求解，首先给出冰层和海水基本物理量：

$$E = 5\mathrm{GPa} , \quad \rho_j = 922.5 \mathrm{kg/m^3} , \quad \rho = 1025 \mathrm{kg/m^3} \tag{4-57}$$

其中，ρ 为水密度。重力加速度为 g，特征长度 l 取为水深 h。为下文给出的计算结果皆为基于式(4-57)这几个基本量所得的无因次化量。除非特殊说明，本节结果均采用第一种流域分解方式求解获得。第二种流域分解方式求解结果会在一

些算例中给出，作比较和验证用。

4.5.1 近似方法的适用性和准确性

当单个冰间航道 $n=2$ 的宽度趋于 0 时，其相当于整个冰层产生一条裂痕。针对冰层出现多条裂痕的直接解法在文献 [135] 可得。采用参数 $l_{F,j}=0$ $(j=1,\cdots,n-1)$，选择 $n=3$、$h_j=h=0.01$、$m_j=m=0.9$、$L_j=L=45536$、$d_j=d=0$、$j=1,2,3$。中间冰块层的无因次长度 $l_{1,2}$ 分别取为 0.5 和 1.0。反射系数和透射系数计算结果在图 4.5 和图 4.6 中给出，横坐标为无因次频率。对于较小的 $l_{1,2}$，本章的近似解与直接解结果趋势相近，但是依然存在肉眼可见的偏差。这种偏差并不意外，因为近似解的前提就是两个子冰间航道或者裂痕之间的冰层长度理应足够长。因此，选取较大的 $l_{1,2}$ 时，如图 4.6 所示，在图 4.5 中出现的偏差很快就消失了。近似方法求得的反射系数和透射系数的模与直接解吻合良好。这较好地验证了本章近似方法的准确性和适用性。

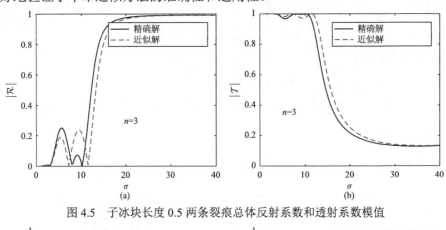

图 4.5　子冰块长度 0.5 两条裂痕总体反射系数和透射系数模值

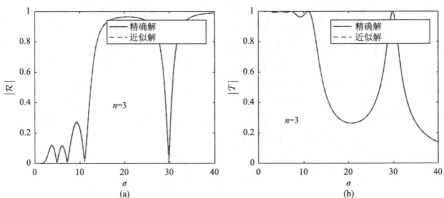

图 4.6　子冰块长度 1.0 两条裂痕总体反射系数和透射系数模值

4.5.2　多个相同子域内的水波散射特性

考虑所有冰都具有相同的物理特性，冰块长度相等，冰间宽度相等，且 $m_j = 0.9$、$l_{F,j} = 1.0$、$j = 1,2,\cdots,n$，计算域内第一块冰和最后一块冰长度为半无限长。

当 n 取值较小时，一些趋势已经显现。在图 4.7 ～图 4.9 中，分别给出了 $n=2$、$n=3$ 和 $n=5$ 总体反射系数和透射系数的计算结果，计算参数为 $h_j = h = 0.01$、$m_j = m = 0.9$、$L_j = L = 45536$、$d_j = d = 0$、$l_{I,j} = l_I = 4.0$、$j = 1,\cdots,n$、$l_{F,j} = l_F = 1.0$、$j = 1,\cdots,n-1$。由图可知，不同于冰-水或者水-冰问题[36]，冰间航道（无论是单个

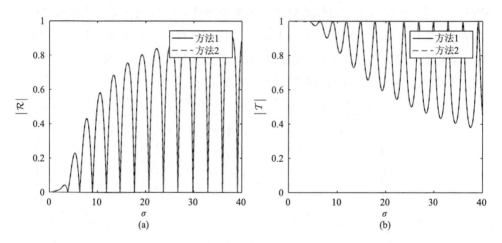

图 4.7　$n=2$ 小数目航道总体反射系数与透射系数幅值

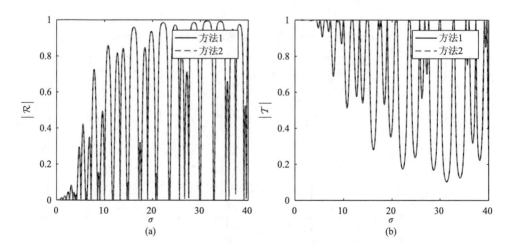

图 4.8　$n=3$ 小数目航道总体反射系数与透射系数幅值

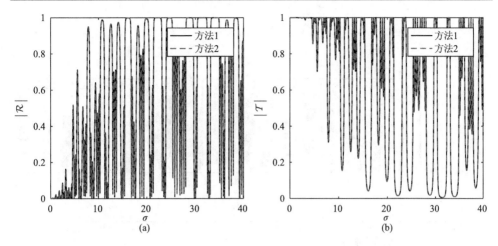

图 4.9　$n=5$ 小数目航道总体反射系数与透射系数幅值

或者多个)反射系数和透射系数随着无因次频率的变化而剧烈振荡。对于多个冰间航道系统，其结果更加复杂，由于多冰间航道之间反射系数和透射系数的耦合，计算频率域内出现了很多局部峰值。为了确认这些局部振荡非计算误差，采用第二种分域求解方式进行对比验证，其结果也在图 4.9 中给出。由图可知，不同的分域方式计算得到的系数曲线之间相吻合，这进一步确认了局部振荡的出现并非误差。

从单个冰间航道即 $n=2$ 的求解中可知，在一些特定的离散频率点，波浪无反射，即 $R=0$。从图 4.8 和图 4.9 中可以看出，当 $n=3$ 和 $n=5$ 时，在相同的频率点，也出现了零反射，即 $\mathcal{R}=0$。为了进一步验证，需要计算冰块数量相对较多时的情形，继续计算了 $n=33$ 和 $n=65$ 两组算例，分别在图 4.10 和图 4.11 中给出对应的总体反射系数与透射系数，其中(b)和(d)分别为(a)和(c)的局部放大图。比较有意思的是，相同的离散点，依然出现了零反射，即这些零反射发生的离散频率点并不受冰块数目 n 的影响。当子域皆为相同子域，并且每个子域都出现零反射时，有 $R_{\mathrm{R}}^{(j)}=R_{\mathrm{L}}^{(j)}=0$ 以及 $\left|T_{\mathrm{R}}^{(j)}\right|=\left|T_{\mathrm{L}}^{(j)}\right|=1$。由式 (4-19) 和式 (4-20) 易知，$\left|\varepsilon^{(j)}\right|=1$ 以及 $\gamma^{(j)}=0$。式 (4-28) 中 $|\mathcal{R}|=0$，$|\mathcal{T}|=1$，其结果与冰块数目 n 无关。

从物理上讲，当入射波经过第一个子冰间航道时，若其为全部透射无反射，则进入第二个子冰间航道时，其形态与前一个子域的一致，如此推论，入射波经过最后一个子冰间航道时其波浪依然全部透射且无反射，与冰块的数目多少无关。

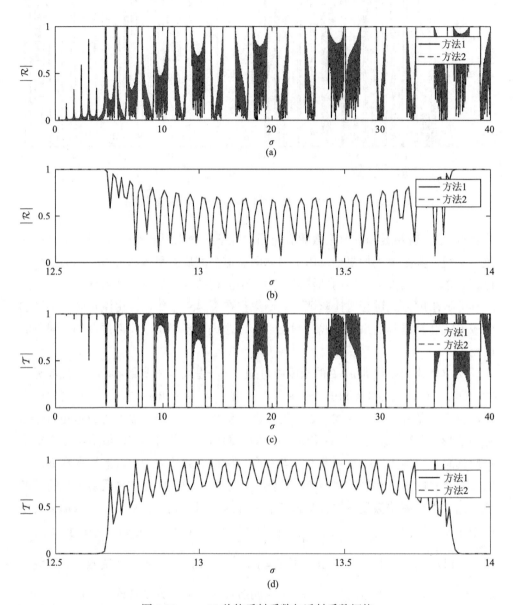

图 4.10　$n=33$ 总体反射系数与透射系数幅值

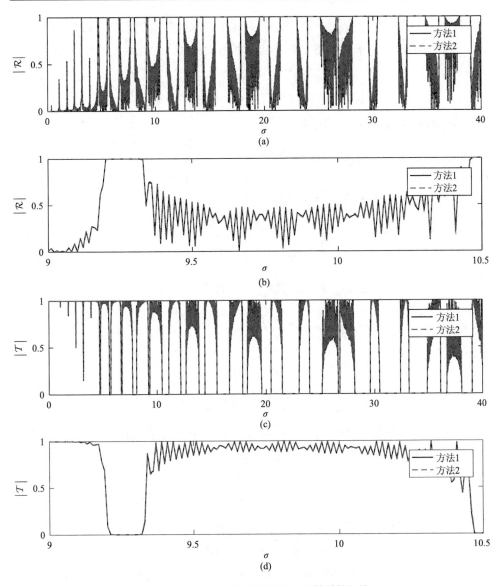

图 4.11　$n = 65$ 总体反射系数与透射系数幅值

由图 4.10 和图 4.11 可知，当冰块数目较大时，当单个冰间航道的 $R \neq 0$，即波浪非全部反射时，总反射系数 $|\mathcal{R}|$ 在间断的频率宽带内会接近于 1，即波浪几乎全部反射。这种类似的现象在多条裂痕的冰层下也曾经出现。为了进一步研究和解释这个现象，这里采用逐步增加冰块数目来进行推断研究。定义 n 个冰间航道最终求解得到的反射系数和透射系数分别记为 $\mathcal{R}_{\mathrm{L}}^{(n)}$ 和 $\mathcal{T}_{\mathrm{L}}^{(n)}$。假设 $n-1$ 个子冰间

航道问题已求解，右侧增加一个子域，则 n 个子冰间航道的求解可以分为两个子域，即前文的 $n-1$ 个子域和第 n 个子域。利用交界面上的连续性条件，得到：

$$\gamma^{(1)} = \frac{\mathcal{T}_\mathrm{L}^{(n-1)} R_\mathrm{L}^{(2)}}{[S^{(n)}]^2 - \mathcal{R}_\mathrm{R}^{(n-1)} R_\mathrm{L}^{(2)}}, \quad \varepsilon^{(2)} = \frac{\mathcal{T}_\mathrm{L}^{(n-1)}[S^{(n)}]^2}{[S^{(n)}]^2 - \mathcal{R}_\mathrm{R}^{(n-1)} R_\mathrm{L}^{(2)}} \tag{4-58}$$

将式(4-58)代入式(4-28)，得到：

$$\mathcal{R}_\mathrm{L}^{(n)} = \mathcal{R}_\mathrm{L}^{(n-1)} + \gamma^{(1)} \mathcal{T}_\mathrm{R}^{(n-1)} = \mathcal{R}_\mathrm{L}^{(n-1)} + \frac{\mathcal{T}_\mathrm{L}^{(n-1)} \mathcal{T}_\mathrm{R}^{(n-1)} R_\mathrm{L}^{(2)}}{[S^{(n)}]^2 - \mathcal{R}_\mathrm{R}^{(n-1)} R_\mathrm{L}^{(2)}}$$

$$\begin{aligned}
\mathcal{T}_\mathrm{L}^{(n)} &= \varepsilon_n^{(2)} T_\mathrm{L}^{(2)} = \alpha_n \mathcal{T}_\mathrm{L}^{(n-1)} T_\mathrm{L}^{(2)} \\
&= \alpha_n T_\mathrm{L}^{(2)} \varepsilon_{n-1}^{(2)} T_\mathrm{L}^{(2)} = \alpha_n \alpha_{n-1} T_\mathrm{L}^{(2)} T_\mathrm{L}^{(2)} \mathcal{T}_\mathrm{L}^{(n-2)} \\
&= \alpha_n \alpha_{n-1} \alpha_{n-2} \ldots \alpha_3 \left[T_\mathrm{L}^{(2)} \right]^{n-2} \mathcal{T}_\mathrm{L}^{(2)} \\
&= \alpha_n \alpha_{n-1} \alpha_{n-2} \ldots \alpha_3 \left[T_\mathrm{L}^{(2)} \right]^{n-2} T_\mathrm{L}^{(1)} \\
&= \alpha_n \alpha_{n-1} \alpha_{n-2} \ldots \alpha_3 \left[T_\mathrm{L}^{(2)} \right]^{n-1}
\end{aligned} \tag{4-59}$$

其中，

$$\alpha_n = \frac{[S^{(n)}]^2}{[S^{(n)}]^2 - \mathcal{R}_\mathrm{R}^{(n-1)} R_\mathrm{L}^{(2)}} \tag{4-60}$$

由式(4-59)可知，当 $R_\mathrm{L}^{(2)} = 0$ 时，即单个冰间航道内无反射时，有 $\mathcal{R}_\mathrm{L}^{(n)} = 0$ 和 $\left| \mathcal{T}_\mathrm{L}^{(n)} \right| = 1$。这与之前零反射的讨论相吻合。在 $T_\mathrm{L}^{(2)}$ 相对较小的频率段内，注意 $\left| T_\mathrm{L}^{(2)} \right| < 1$，则 $\left| T_\mathrm{L}^{(2)} \right|^{n-1}$ 随着 n 的增加会逐渐趋于零。在其他频率段内，取决于 α_n 和 $T_\mathrm{L}^{(2)}$ 的相对幅值，从而导致了 $\mathcal{T}_\mathrm{L}^{(n)}$ 的高频振荡。

在每个子冰间航道内，基本解 ψ 都是相同的，其区别在于系数 $\varepsilon^{(j)}$ 和 $\gamma^{(j)}$，从物理意义上来说，前者表示波自左向右传播，后者表示波自右向左传播，两者方向相反。图 4.12 (a) 和 (b) 分别给出了当 $n = 65$ 时系数 $\left| \varepsilon^{(j)} \right|$ $(j = 2, 32, 64)$ 和 $\left| \gamma^{(j)} \right|$ $(j = 1, 31, 63)$ 的幅值曲线。在低频率段，即 $\sigma < 4$，$\left| \varepsilon^{(j)} \right|$ 接近于 1，而 $\left| \gamma^{(j)} \right|$ 趋近于 0，这与图 4.11 结果是相吻合的，即大部分波浪透射传播至右方。在一些离散频率点，$\left| \varepsilon^{(j)} \right|$ 等于 1，而 $\left| \gamma^{(j)} \right| = 0$，这与图 4.11 中出现的总体 $|\mathcal{R}| = 0$、$|\mathcal{T}| = 1$ 相符。

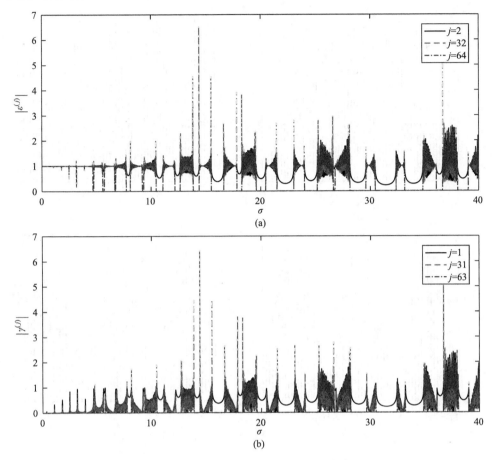

图 4.12　n=65 子冰间航道系数 $\left|\varepsilon^{(j)}\right|$ 与 $\left|\gamma^{(j)}\right|$ 随无因次频率变化幅值响应

由图 4.12 可知，在一些频率处，在中间子域内，如：$j=32$，$\left|\varepsilon^{(j)}\right|$ 幅值超过 1；$j=31$，$\left|\gamma^{(j)}\right|$ 幅值很大，但是这并不代表总体反射系数或者透射系数幅值会大于 1。并且 $\left|\varepsilon^{(j)}\right|$ 和 $\left|\gamma^{(j)}\right|$ 峰值点出现在相同频率点。图 4.13 和图 4.14 分别给出了算例频率点 $\sigma=14.43$、36.7、13.87 和 15.51 的 $\left|\varepsilon^{(j)}\right|$ 和 $\left|\gamma^{(j)}\right|$ 曲线在整个冰间航道内分布图。由图可知，系数 $\left|\varepsilon^{(j)}\right|$ 和 $\left|\gamma^{(j)}\right|$ 随着 j 的变化而振荡变化。当 $\sigma=14.43$ 时，$\left|\varepsilon^{(j)}\right|$ 和 $\left|\gamma^{(j)}\right|$ 在时仅有一个峰值且分别出现在 $j=32$ 以及 $j=31$，其幅值远大于两侧幅值。这与弹性波中一列直立圆柱的行为[106]类似。

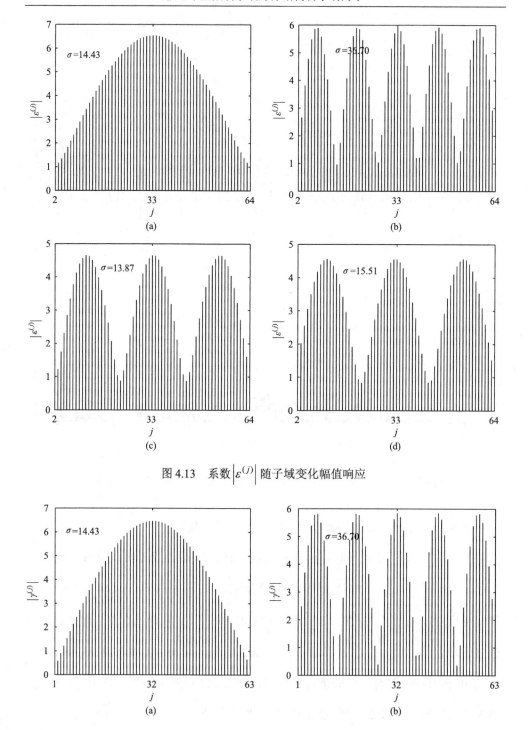

图 4.13　系数 $\left|\varepsilon^{(j)}\right|$ 随子域变化幅值响应

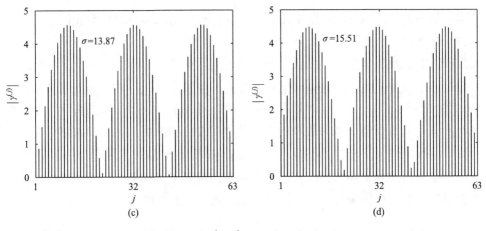

图 4.14　系数 $\left|\gamma^{(j)}\right|$ 随子域变化幅值响应

当图 4.11 中 $|\mathcal{R}|$ 在某些频率段内趋近于零时,图 4.12 中的 $\left|\varepsilon^{(j)}\right|$ 则位于曲线的谷值并且其幅值小于 1,并且 j 越大,其谷值越小。图 4.15 给出了 $\sigma=16$ 时的 $\left|\varepsilon^{(j)}\right|$ 和 $\left|\gamma^{(j)}\right|$ 曲线在整个冰间航道内分布图,由图可知, $\left|\varepsilon^{(j)}\right|$ 和 $\left|\gamma^{(j)}\right|$ 随着 j 的增加而逐渐衰减趋于零,从而导致了整体透射系数趋于零。

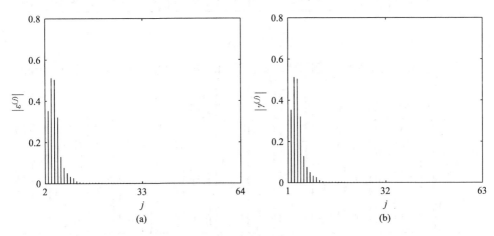

图 4.15　$\sigma=16$ 系数 $\left|\varepsilon^{(j)}\right|$ 和 $\left|\gamma^{(j)}\right|$ 随子域变化幅值响应

4.5.3　海冰长度对多冰间航道的影响

本小节进一步进行相同子域前提下,同一冰块数目、相同频率点下冰块长度 l_1

对冰间航道内的影响分析。图 4.16 给出了 $n=65$ 时的总体反射系数和透射系数随冰块长度变化趋势图，其中，$\sigma=14.43$、36.7、13.87 和 15.51。由图可知，反射系数和透射系数的幅值随冰块长度的增加而周期振荡。实际上，单个冰间航道基本解与冰块长度无关，而总体解仅与 S 有关。注意，$S=\mathrm{e}^{\kappa_0(l_{\mathrm{F}}+l_{\mathrm{I}})}$ 为周期函数，其中 κ_0 为纯虚数。因而，总体解随着冰块长度而周期变化。而实际振荡周期亦与频率 σ 相关，而且在每个振荡周期内，总体解随 l_{I} 急剧振荡，这是较大冰块数目下的典型特性。当冰块数目较少时，如图 4.17 所示，当 $n=3$、$n=5$ 以及 $n=9$ 时，在一个振荡周期内其局部振荡程度明显减弱。但是与其中的 $n=65$ 结果相比较，不看局部振荡，总体振荡峰值点位置受冰块数目 n 影响极小。

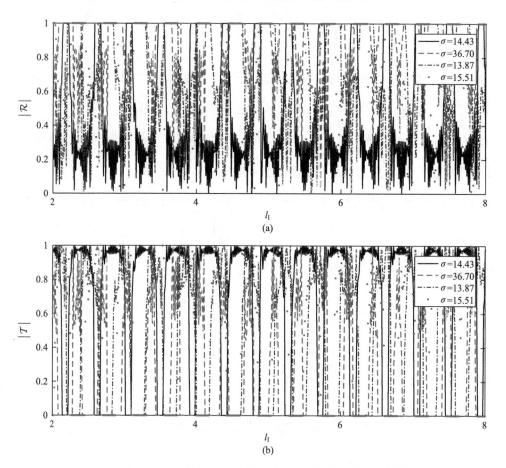

图 4.16　$n=65$ 总体反射系数与透射系数随冰层长度变化幅值

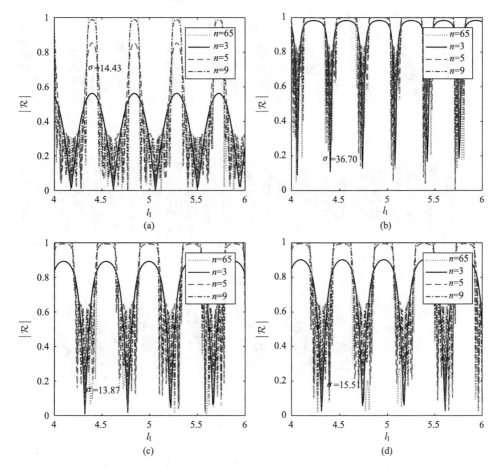

图 4.17　小数目冰间航道总体反射系数随冰层长度变化幅值

4.5.4　冰间航道宽度对多冰间航道的影响

本小节讨论在相同子域前提下，子域冰间宽度对整体波浪的影响，此时冰块数目和冰块长度都保持不变。图 4.18 给出了当 $n=65$ 时，$\sigma=14.43$、36.7、13.87 和 15.51 点处反射系数随 $l_{\mathrm{F},j}=l_{\mathrm{F}}$ 变化趋势图。由图可知，反射系数依然随冰间宽度的增加而振荡，但是这种振荡与前文随冰块长度变化的振荡特性又有所区别。子域冰间航道基本解与 l_{F} 相关，则基本解 R 和 T 与 l_{F} 不独立。随着 l_{F} 增加，基本解逐渐趋于周期振荡，其周期为 $\mathrm{e}^{2\lambda_0 l_{\mathrm{F}}}$，因而总体反射系数 $\mathcal{R}$ 则有两个周期分量，即 $\mathrm{e}^{2\lambda_0 l_{\mathrm{F}}}$ 和 $\mathrm{e}^{2\kappa_0(l_{\mathrm{F}}+l_{\mathrm{I}})}$。两个周期的耦合导致图 4.18 的振荡特性变得更为复杂。

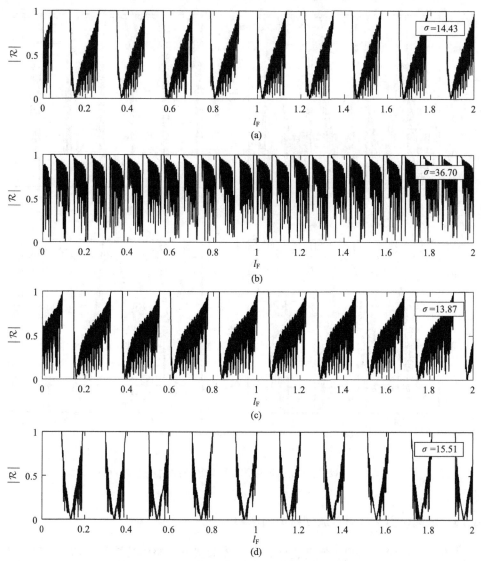

图 4.18 $n=65$ 总体反射系数随冰间宽度变化幅值

4.5.5   非均匀多冰间航道模拟

本小节最后计算给出各子域冰间航道宽度非均匀、冰块长度也各不相同的一般性情况。令冰块数目 $n=8$; $h_1=h_8=0.02$ 、 $h_2=h_3=h_6=h_7=0.01$ 、 $h_4=h_5=0.005$; 冰块吃水为 $d_1=d_8=0.018$ 、 $d_2=d_3=d_6=d_7=0.009$ 、 $d_4=d_5=0.0045$; 冰块长度 $l_{I,2}=l_{I,7}=16$ 、 $l_{I,3}=l_{I,6}=8$ 、 $l_{I,4}=l_{I,5}=4$; 子域冰间航道宽度分别为 $l_{F,1}=l_{F,7}=2$ 、 $l_{F,2}=l_{F,6}=1$ 、 $l_{F,3}=l_{F,5}=0.5$ 、 $l_{F,4}=0.1$ 。冰层分布示意图见图 4.19。

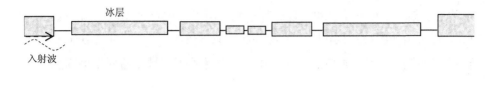

图 4.19　非均匀冰块航道示意图

由图 4.20 可知，总体反射系数和透射系数随着频率变化依然振荡，这与之间相同子域算例情况类似，但不同的是，一般性的多冰间航道内总体反射系数和透射系数的振荡不规则性较强。并且当某一个子域反射系数为零时，由于其余的子域反射系数并不一定也为零，整体的反射系数并不等于零。但是由图可知，尽管其曲线非常不规则，在计算频率段内，依然存在间断的频率段内 $|\mathcal{R}| \to 1$、$|\mathcal{T}| \to 0$ 现象。

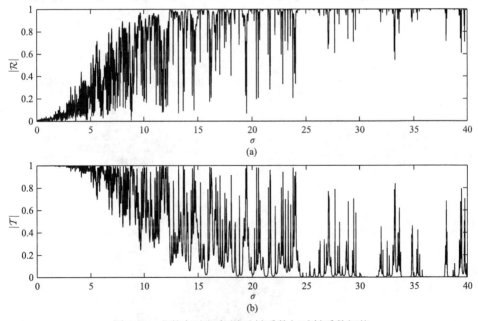

图 4.20　非均匀冰间航道反射系数与透射系数幅值

图 4.21 给出了每个子域的波面升高。由图可知，每个子域波面升高随 x 和 σ 变化振荡。事实上，每个子域的波面升高都基于其子域基本解求得，其他子域对

其影响通过系数 ε 和 γ 反映和呈现。基于此，由于子域 Ω_1 与 Ω_7、Ω_2 与 Ω_6、Ω_3 与 Ω_5，每对子域参数相同，因而振荡特性相似度较高。此外，通过各子域之间的比较可知，中间子域的波高幅值普遍较高，但是外围子域振荡程度更剧烈。

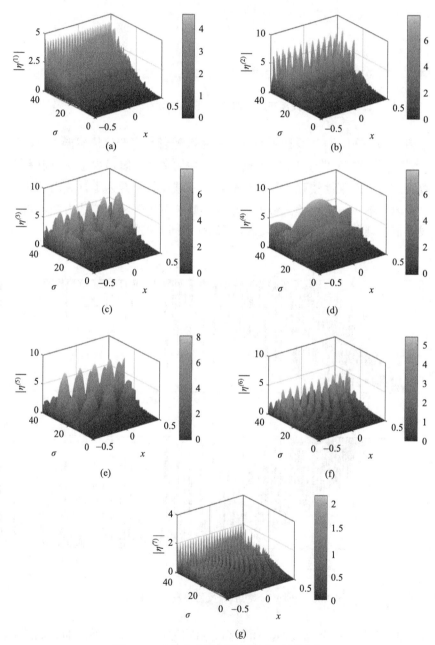

图 4.21　非均匀多冰间航道内各子域波高

4.6　本 章 小 结

采用单冰间航道基本解、水波与单侧半无限长冰基本解，基于多航道之间相距较远的基本合理假设，本章分别提出两种多航道水波散射快速匹配求解方法，避免了随着航道数目的增加直接求解带来的烦琐冗长问题。结果表明，该方法计算精度高，可以求解任意分布的多冰间航道，且由于只需要直接计算基本解而大幅度提高了计算效率。

通过对冰层数目、冰层长度以及自由面宽度、冰层分布等影响因素对水波散射的预报，我们发现了多航道内若干有意义现象。在多航道冰区内，反射系数与透射系数随波浪频率产生剧烈振荡现象；随着航道数目的增加，局部振荡现象更为明显；在一系列离散频率点，发现了波浪全部反射，波浪零透射现象；随着航道数目的增加，在一系列频率段，发现了波浪零反射，波浪全部透射现象；随着航道数目的增加，水波散射总体呈周期性振荡变化规律，而自由面宽度由于存在两个周期性的分量，水波散射呈现非完全周期性周期性规律。

第 5 章　三维开敞港口内浮体水动力计算方法

5.1　概　　述

由于港口自身存在一系列固有频率，浮体在港口航道内的运动，与其在开敞水域相比，情况更为复杂。当来波频率接近港口航道固有频率时，极易引起港口航道内船体的大幅运动，因而影响货物装卸，甚至对港口航道以及船体本身结构造成损伤。在进行该问题的求解时，需考虑到港口沿岸线无穷面存在的积分，且需考虑到流体的三维效应。因此，本章基于流域分解，对于任意形状的无冰自由面港口水域，采用三维自由面 Green 函数法，提出港口内浮体水动力的三维直接计算方法。

5.2　无冰港口航道内流场的数学描述

5.2.1　模型分域与坐标系的建立

如图 5.1 所示，考虑到实际港口情况，建立计算模型，其内壁为任意形状的无冰港口，浮体自由漂浮于港口内。假定流体为理想流体，无黏性，不可压，密度为常值 ρ，流体无旋。基于上述假设，可采用势流理论求解该问题。相比于波长和浮体的特征长度，波幅和浮体运动幅值为小值，则边界条件可以线性化，即边界条件内的高阶非线性项可以忽略，并且边界条件在边界的平均位置满足。

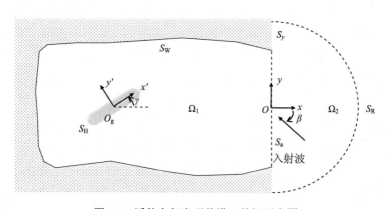

图 5.1　浮体在任意形状港口俯视示意图

将整个流体域 Ω_A 分解成两个子流域：港口内域 Ω_1 和外域开敞水域 Ω_2。定义两组笛卡儿坐标系。一组 $O-xyz$，原点位于平均自由面，y 轴沿着两个子域的交界面，x 轴垂直于交界面，z 轴垂直水平面向上。海岸边界线沿着 y 轴，为一条直线，并且向远处无限延伸。另一个坐标系 $O_g-x'y'z'$ 为固体坐标系，原点取为浮体重心 (x_g, y_g, z_g)，x' 轴沿船长方向，y' 沿船宽方向，z' 垂直向上。另定义与船体 x' 与港口 x 的方向所成夹角为 γ。

5.2.2　流域方程与边界条件

每个子域内的总速度势可以分解为入射势、绕射势和辐射势：

$$\Phi^{(l)}(x,y,z,t) = \text{Re}\{[\phi_0^{(l)}(x,y,z) + \sum_{j=1}^{6} i\omega\eta_j^{(l)}\phi_j^{(l)}(x,y,z)]e^{i\omega t}\} \tag{5-1}$$

式中，ω 为周期频率，$i = \sqrt{-1}$，$l = 1$、2 分别对应内域和外域；$\phi_0^{(l)}$ 为散射势，$j = 1$、2、3 表示物体的三个方向的平动，$j = 4,5,6$ 为物体三个转动分量；η_j 为浮体第 j 个运动分量的复数幅值。

$\phi_j^{(l)}$（$j = 0, \cdots, 6$）满足 Laplace 方程：

$$\nabla^2 \phi_j^{(l)} = 0 \tag{5-2}$$

速度势 $\phi_j^{(l)}$ 满足线性自由表面条件：

$$\frac{\partial \phi_j^{(l)}}{\partial z} - \nu\phi_j^{(l)} = 0 \tag{5-3}$$

式中，$\nu = \omega^2 / g$，g 为重力加速度。

$\phi_j^{(l)}$ 底部需满足：

$$\frac{\partial \phi_j^{(l)}}{\partial n} = 0 \tag{5-4}$$

内域港口壁面 S_W 不可穿透：

$$\frac{\partial \phi_j^{(1)}}{\partial n} = 0 \quad (j = 0, \cdots, 6) \tag{5-5}$$

浮体表面应满足：

$$\frac{\partial \phi_j^{(1)}}{\partial n} = n_j \quad (j = 1, \cdots, 6), \quad \frac{\partial \phi_0^{(1)}}{\partial n} = 0 \tag{5-6}$$

式中，$\boldsymbol{n} = (n_{x'}, n_{y'}, n_{z'})$ 为法向量，指向域外：

$$(n_1, n_2, n_3) = (n_{x'}, n_{y'}, n_{z'}), \quad (n_4, n_5, n_6) = (x', y', z') \times (n_{x'}, n_{y'}, n_{z'}) \tag{5-7}$$

在外域中，需满足与内域相同的自由表面条件。在沿岸，即沿着 y 轴向远方无线延伸 S_y 表面上，需满足物面不可穿透条件：

$$\frac{\partial \phi_j^{(2)}}{\partial n} = 0 \quad (j = 0, \cdots, 6) \tag{5-8}$$

无穷远处应满足辐射条件：

$$\lim_{R \to \infty} \sqrt{R}\left(\frac{\partial \phi_j^{(2)}}{\partial R} - \mathrm{i}k_0 \phi_j^{(2)}\right) = 0 \quad (j = 1, \cdots, 6) \tag{5-9}$$

以保证波浪向外传播，其中 $R^2 = x^2 + y^2$，k_0 为满足流域内色散方程

$$k_0 \tanh(k_0 h) = \nu \tag{5-10}$$

的纯虚根。

对于绕射问题的辐射条件，定义 $\phi_7^{(2)} = \phi_0^{(2)} - \phi_1$。在交界面 S_a 上压力和速度连续：

$$\phi_j^1 = \phi_j^2, \quad \frac{\partial \phi_j^{(1)}}{\partial n} = -\frac{\partial \phi_j^{(2)}}{\partial n} \quad (j = 0, \cdots, 6) \tag{5-11}$$

5.3　两个子域内的数学推导

5.3.1　港口内域边界积分方程的建立

对于内域 Ω_1，利用 Green 第三公式得

$$\alpha^{(1)}(p)\phi_j^{(1)}(p) = \int_{S_W + S_h + S_a + S_F + S_B} [G(p,q)\frac{\partial \phi_j^{(1)}(q)}{\partial n_q} - \frac{\partial G(p,q)}{\partial n_q}\phi_j^{(1)}(q)]\mathrm{d}S \quad (j = 0, \cdots, 6)$$

$$\tag{5-12}$$

式中，$\alpha^{(1)}(p)$ 为点 $p(x,y,z)$ 的固角系数，右端是对点 $q(\xi, \eta, \zeta)$ 的积分。本章选取的 Green 函数满足除了港口岸壁、浮体物面和交界面之外的所有边界条件，为自由面 Green 函数[4]：

$$G(p,q) = \frac{1}{r} + \frac{1}{r_2} + \int_L \frac{2(k+\nu)\mathrm{e}^{-kh}\cosh\left[k(\zeta+h)\right]}{k\sinh(kh) - \nu\cosh(kh)}J_0(kR)\cosh\left[k(z+h)\right]\mathrm{d}k \tag{5-13}$$

式中，$r^2 = (x-\xi)^2 + (y-\eta)^2 + (z-\zeta)^2$ 为场点 $p(x,y,z)$ 与源点 $q(\xi, \eta, \zeta)$ 之间的距离，$r_2^2 = (x-\xi)^2 + (y-\eta)^2 + (z+\zeta+2h)^2$ 为场点跟镜像点之间的距离。$J_0(kR)$ 为第一类零阶贝塞尔函数，积分域为 0 到 ∞，绕过极点 $k = k_0$。从而式(5-12)可以写成：

$$\alpha^{(1)}(p)\phi_j^{(1)}(p) = \int\limits_{S_W+S_h+S_a+S_B} [G^{(1)}(p,q)\frac{\partial \phi_j^{(1)}(q)}{\partial n_q} - \frac{\partial G^{(1)}(p,q)}{\partial n_q}\phi_j^{(1)}(q)]\mathrm{d}S \ (j=0,\cdots,6)$$

$$(5\text{-}14)$$

若港口底部地形不平整，需保留 S_B 的积分项。当底部为平底时，该积分项可以去除。

5.3.2　港口外域边界积分方程的建立

对外域 Ω_2 应用 Green 第三公式，得到边界积分方程：

$$\alpha^{(2)}(p)\phi_j^{(2)}(p) = \int\limits_{S_y+S_a} [G^{(2)}(p,q)\frac{\partial \phi_j^{(2)}(q)}{\partial n_q} - \frac{\partial G^{(2)}(p,q)}{\partial n_q}\phi_j^{(2)}(q)]\mathrm{d}S \ (j=1,\cdots,6)$$

$$(5\text{-}15)$$

式中，$\alpha^{(2)}(p)$ 为外域内场点 p 的固角系数。上式中，Green 函数依然满足自由面 S_F、底部 S_B 和远方控制面 S_R 上的边界条件，积分可移除。然而，若直接利用跟内域相同的 Green 函数，则外域边界积分方程中会含有 S_y 积分，这个积分面是无穷大的。为了解决这个问题，这里对 Green 函数进行处理，定义外域 Green 函数为

$$G^{(2)} = G(p,q) + G(p,\bar{q}) \qquad (5\text{-}16)$$

式中，$\bar{q}$ 为关于 $x=0$ 的镜像点。该 Green 函数在 S_y 上满足 $\partial G^{(2)}/\partial n = 0$。这样一来，$S_y$ 上的积分就可以移除。注意，当 p 点位于边界面 S_y 和 S_a 上时，则有 $\partial G/\partial n = 0$，可以不用上式而直接采用内域 Green 函数：

$$\alpha^{(2)}(p_a)\phi_j^{(2)}(p_a) = \int\limits_{S_a} G(p_a,q)\frac{\partial \phi_j^{(2)}(q)}{\partial n_q}\mathrm{d}S \quad (j=1,\cdots,6) \qquad (5\text{-}17)$$

下标 a 表示场点位于 S_a 上。对于 $j=0$，绕射势 $\phi_7^{(2)}$ 做如下分解：

$$\phi_7^{(2)} = \phi_7^{(2)\prime} + \phi_7^{(2)\prime\prime} \qquad (5\text{-}18)$$

式中，

$$\phi_7^{(2)\prime}(x,y,z) = \phi_1(-x,y,z) \qquad (5\text{-}19)$$

通过入射势表达式，可以直接求得绕射势分量 $\phi_7^{(2)\prime}$。由式 (5-8) 不难得到 S_y 上 $\partial \phi_7^{(2)\prime}/\partial n = 0$。$\phi_7^{(2)\prime\prime}$ 满足辐射条件式 (5-9)，进而绕射势分量 $\phi_7^{(2)\prime\prime}$ 的求解也适用于式 (5-17)。

5.4　内外域的匹配与离散

在进行求解时,将计算边界离散成有限个平板单元,单元上的速度势为常值。采用 Hess-Smith 法,将式(5-14)离散成如下形式:

$$\alpha^{(1)}(p)\phi_j^{(1)}(p)=\sum_{m=1}^{N}\int_{S_m}\frac{\partial\phi_j^{(1)}(q)}{\partial n_q}G(p,q)\mathrm{d}S_m-\sum_{m=1}^{N}\int_{S_m}\phi_j^{(1)}(q)\frac{\partial G(p,q)}{\partial n_q}\mathrm{d}S_m \tag{5-20}$$

式中,N 为总单元数目,N_H 为浮体湿表面单元数目,N_w 为港口单元数目,N_B 为非平底单元数目,N_a 为匹配面单元数,S_m 为第 m 个微元,由于港口和底部条件相同,N_w 下文表示为 N_w 和 N_B 的总和。

同样,对于辐射势,对式(5-17)离散:

$$\alpha^{(2)}(p_a)\phi_j^{(2)}(p_a)=\sum_{m=1}^{N_a}\int_{S_m}\frac{\partial\phi_j^{(2)}(q)}{\partial n_q}G(p_a,q)\mathrm{d}S_m \tag{5-21}$$

将式(5-20)和式(5-21)转化成矩阵形式:

$$\left[Q^{(1)}\right]_{N\times N}\left[\phi_j^{(1)}(q)\right]_N=\left[G^{(1)}\right]_{N\times N}\left[\frac{\partial\phi_j^{(1)}(q)}{\partial n_q}\right]_N \tag{5-22}$$

$$\boldsymbol{Q}_{N_a\times N_a}\left[\phi_j^{(2)}\right]_{N_a}=\boldsymbol{G}_{N_a\times N_a}\left[\frac{\partial\phi_j^{(2)}}{\partial n}\right]_{N_a} \tag{5-23}$$

其中,$\boldsymbol{Q}$ 和 $\boldsymbol{G}$ 系数分别为 $\partial G(p,q)/\partial n_q$ 和 $G(p,q)$ 微元积分,且 $\boldsymbol{Q}$ 除对角线以外别的元素都为 0。利用匹配条件(5-11),将式(5-23)代入式(5-22),可得

$$\begin{bmatrix}Q_{HH}&Q_{HW}&Q_{HA}+G_{HA}G_{AA}{}^{-1}Q_{AA}\\Q_{WH}&Q_{WW}&Q_{WA}+G_{WA}G_{AA}{}^{-1}Q_{AA}\\Q_{AH}&Q_{AW}&Q_{AA}+G_{AA}G_{AA}{}^{-1}Q_{AA}\end{bmatrix}\begin{bmatrix}\phi_{jH}^{(1)}\\\phi_{jW}^{(1)}\\\phi_{jA}^{(1)}\end{bmatrix}=\begin{bmatrix}G_{HH}n_{jH}\\G_{WH}n_{jH}\\G_{AH}n_{jH}\end{bmatrix} \tag{5-24}$$

下标 H 和 A 分别表示浮体和交界面,W 表示港口岸壁和非平底部。对于绕射问题,式(5-23)内的 $\phi_j^{(2)}$ 变换为 $\phi_j^{(2)''}$,进而得到最终的矩阵求解方程:

$$\begin{bmatrix}Q_{HH}^{(1)}&Q_{HW}&Q_{HA}+G_{HA}G_{AA}{}^{-1}Q_{AA}\\Q_{WH}^{(1)}&Q_{WW}&Q_{WA}+G_{WA}G_{AA}{}^{-1}Q_{AA}\\Q_{AH}^{(1)}&Q_{AW}&Q_{AA}+G_{AA}G_{AA}{}^{-1}Q_{AA}\end{bmatrix}\begin{bmatrix}\phi_{0H}^{(1)}\\\phi_{0W}^{(1)}\\\phi_{7A}^{(2)''}\end{bmatrix}=-\begin{bmatrix}Q_{HA}\\Q_{WA}\\Q_{AA}\end{bmatrix}\left[\phi_{7A}^{(2)'}+\phi_1\right] \tag{5-25}$$

进而将已知量都移到了右端,未知量都移到了左端。

5.5　三维浮体水动力和运动方程

一旦速度势已知，通过线性 Bernoulli 方程得到水动压力。作用在浮体上的三维水动力可以通过水动压力在浮体湿表面积分求得。水动力分为三个部分，源于浮体自身振荡的辐射力，浮力变化引起的静水恢复力，入射和绕射波引起的波浪激励力。浮体运动三维复数幅值 η_j 通过浮体六自由度运动方程求得

$$\sum_{k=1}^{6}\Big[-\omega^2\big(M_{jk}+A_{jk}\big)-\mathrm{i}\omega B_{jk}+C_{jk}\Big]\eta_k=f_j \tag{5-26}$$

式中，M_{jk} 为浮体质量阵元素，C_{jk} 为恢复力阵元素。其中，质量阵形式在本章坐标系下为

$$\boldsymbol{M}=\begin{bmatrix} m & 0 & 0 & 0 & mz_{\mathrm c} & -my_{\mathrm c}\\ 0 & m & 0 & -mz_{\mathrm c} & 0 & mx_{\mathrm c}\\ 0 & 0 & m & my_{\mathrm c} & -mx_{\mathrm c} & 0\\ 0 & -mz_{\mathrm c} & my_{\mathrm c} & I_{22}+I_{33} & -I_{12} & -I_{13}\\ mz_{\mathrm c} & 0 & -mx_{\mathrm c} & -I_{12} & I_{11}+I_{33} & -I_{23}\\ -my_{\mathrm c} & mx_{\mathrm c} & 0 & -I_{13} & -I_{23} & I_{11}+I_{33} \end{bmatrix} \tag{5-27}$$

式中，

$$m=\int_{V}\rho_{\mathrm b}\mathrm{d}v,\ mx_{ci}=\int_{V}\rho_{\mathrm b}\big(x_i-x_{gi}\big)\mathrm{d}v \tag{5-28}$$

$$I_{ij}=\int_{V}\rho_{\mathrm b}\big(x_i-x_{gi}\big)\big(x_j-x_{gj}\big)\mathrm{d}v \tag{5-29}$$

式中，$(x_1,x_2,x_3)=(x,y,z)$；$\rho_{\mathrm b}$ 为浮体自身密度；旋转中心取为浮体中心位置，易知，$x_{\mathrm c}=y_{\mathrm c}=z_{\mathrm c}=0$。恢复力矩阵元素为

$$C_{33}=\rho_0 gA_{\mathrm{wp}},\ C_{35}=C_{53}=-\rho_0 g\int_{\mathrm{wp}}\big(x-x_{\mathrm B}\big)\mathrm{d}x\mathrm{d}y$$

$$C_{44}=\rho_0 g\nabla\big(z_{\mathrm B}-z_{\mathrm g}\big)+\rho_0 g\int_{\mathrm{wp}}\big(y-y_{\mathrm B}\big)^2\mathrm{d}x\mathrm{d}y \tag{5-30}$$

$$C_{55}=\rho_0 g\nabla\big(z_{\mathrm B}-z_{\mathrm g}\big)+\rho_0 g\int_{\mathrm{wp}}\big(x-x_{\mathrm B}\big)^2\mathrm{d}x\mathrm{d}y$$

式中，A_{wp} 为水线面，(x_B, y_B, z_B) 为浮体浮心坐标。其余 C_{ij} 项为 0。附加质量 A_{jk}、阻尼系数 B_{jk} 和波浪激励力 f_j 表达式为

$$A_{jk} + \frac{B_{jk}}{i\omega} = \rho_0 \int_{S_H} \phi_k^{(1)} n_j dS \quad (j = 1, \cdots, 6, \quad k = 1, \cdots, 6) \tag{5-31}$$

$$f_j = -i\rho_0 \omega \int_{S_H} \phi_0^{(1)} n_j dS \quad (j = 1, \cdots, 6) \tag{5-32}$$

5.6　三维无冰港口浮体水动力程序验证与数值分析

本章由浮体特征长度 L_s、流体密度 $\rho_0 = 1025 \text{kg/m}^3$、重力加速度 $g = 9.81 \text{m/s}^2$ 作为基本量进行无因次化。

5.6.1　有效性验证

首先考虑一个箱型驳船漂浮在港口内。驳船无因次船长 L_s、船宽 B_s、吃水 d 分别为 1.0、0.4、0.2。港口形状是规则的矩形，港口长度 L_w 为 5.0，宽度 B_w 为 3.0，港口内外水深 h 相等，$h = 0.5$。驳船位于港口中心，船长方向与港口长度方向平行。该算例出自文献[116]，在诸多文献中被使用和验证。图 5.2 给出了该驳船的无因次附加质量和阻尼系数，其中，横坐标 $\sigma = \omega^2 L_s / g$，纵坐标 $\mu_{ii} = A_{ii} / (\rho L_s^3)$，$\lambda_{ii} = B_{ii} / (\rho L_s^3 \cdot \sqrt{g/L_s})$，$i = 1, 2, 3$；$\lambda_{\min}$ 为算例图中最小波长，$\lambda_{\min} / 32$、$\lambda_{\min} / 32$、$\lambda_{\min} / 32$ 分别为浮体、港口岸壁、交界面单元长度。由图可知，$(\lambda_{\min} / 32, \lambda_{\min} / 32, \lambda_{\min} / 32)$ 与 $(\lambda_{\min} / 44, \lambda_{\min} / 44, \lambda_{\min} / 44)$ 的计算结果吻合良好，满足计算收敛，并且横荡附加质量、阻尼系数与文献[116]所得结果（Sawaragi 等计算结果）吻合良好，满足精确性。

对于绕射问题，选取入射势：

$$\phi_I = \frac{ig\zeta_a}{\omega} \frac{\cosh[k_0(z+h)]}{\cosh(k_0 h)} e^{ik_0(x\cos\beta - y\sin\beta)} \tag{5-33}$$

式中，β 为浪向角，ζ_a 为幅值。首先，验证矩形港口内无浮体计算的准确性，选择算例港口长度为 1，宽度为 0.1939，水深为 0.8268。定义幅值因子 R 为点 $(-L_w, 0, 0)$ 处 $\phi_0^{(1)}$ 与点 $(0, 0, 0)$ 处 $\phi_I' + \phi_I$ 的比值。该算例出自 Lee 的文献[110]。由图 5.3 可知，本书结果与文献解吻合良好。

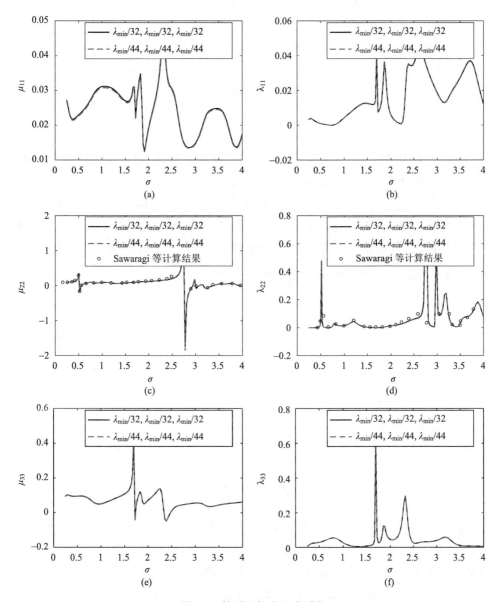

图 5.2　箱型驳船水动力系数

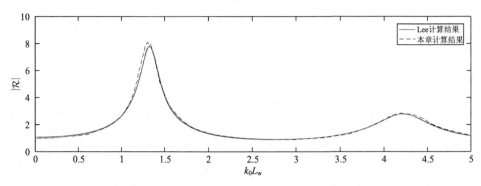

图 5.3　点 $(-L_w,0,0)$ 幅值因子

为进一步对比验证，采用文献[114]里港口算例，其内部为半圆柱，内径为 a。不同于开敞水域，这是一个垂直直立圆柱壳体，一半在港口内，一半在港口外，并且从底部到 $z=-d$ 有开口。计算波数为 $ka=0.901$、1.585、2.04，波浪入射角为 $\alpha\,(\alpha=\pi/2-\beta)$，圆柱尺寸为 $a/h=0.5$、$d/h=0.2$，单元长度为 $\lambda_{\min}/39$。定义 Γ 为圆柱内部液面的法向速度积分，图 5.4 给出了 $|\Gamma|^2$ 的相关计算结果。由图可知，本书计算结果与文献[114]给出的解析解吻合良好。

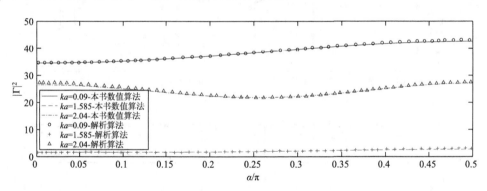

图 5.4　$|\Gamma|^2$ 随 α/π 变化曲线图

最后采用单流域直接计算驳船（$L_s=1.0$，$B_s=0.4$，$d=0.2$）漂浮在矩形港口（$L_w=5.0$，$B_w=3.0$，$h=0.5$）波浪干扰力，与本书计算结果进行对比。其需要在整个沿岸面上分布单元，令 $y>0$ 和 $y<0$ 分别截断于 $y=L_{y+}$ 和 $y=L_{y-}$ 处。选取 $L=L_{y+}/B_w=L_{y-}/B_w=1$ 和 $L=L_{y+}/B_w=L_{y-}/B_w=10$ 两组截断情况。单元长度为（$\lambda_{\min}/32$，$\lambda_{\min}/32$，$\lambda_{\min}/32$）。图 5.5 给出了对应的纵荡和垂荡波浪干扰力，其中，$F_i=f_i/\rho L_s^3 g$，$i=1,3$，$i=1$ 为纵荡，$i=3$ 为垂荡。由图可知，两种方法

计算的结果比较接近，结果表明，沿岸面截断面的长度越长，利用单流域直接计算所得结果与本书结果越接近，这进一步验证了本书方法的有效性和准确性。

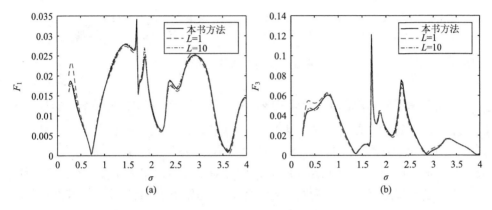

图 5.5　驳船波浪干扰力

5.6.2　水动力系数的振荡特性

本小节采用一艘 FPSO 进行算例分析，其中 FPSO 质量沿船体均匀分布，其无因次主尺度参数和港口参数见表 5.1，水线面以下船型在图 5.6 中给出。

表 5.1　FPSO 和港口主尺度参数

垂线间长 (length between perpendiculars)	L_s	1.0
船宽 (beam)	B_s	0.204
吃水 (draught)	d	0.071
重心 (gravitational centre)	(x_g, y_g, z_g)	$(-2.5, 0.0, -0.054)$
浮心 (floatation centre)	(x_B, y_B, z_B)	$(-2.5, 0.0, -0.035)$
惯性半径 (inertia radius)	(R_x, R_y, R_z)	$(0.0549, 0.0582, 0.0582)$
水线面面积 (waterplane area)	A_w	0.1905
横稳性高 (transverse metacentre height)	h_x	0.0685
纵稳性高 (longitudinal metacentre height)	h_y	1.1067
港口长度 (length of harbor)	L_w	5
港口宽度 (width of harbor)	B_w	2.04
水深 (water depth)	h	0.142

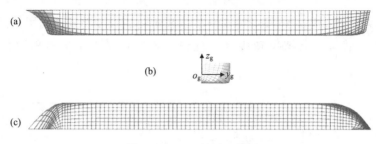

$$图 5.6 \quad \text{FPSO 剖面示意图}$$

首先考虑辐射问题的求解。其中 $\gamma = 0$，$x' = y' = 0$，FPSO 重心水平坐标位于港口中心。计算频率段为 $0.01 \sim 4.0$，频率步长 $\Delta\sigma = 0.01$。船体湿表面、港口、交界面网格分别为 $N_H = 1944$、$N_w = 2265$、$N_a = 385$。单元长度小于 $\lambda_{\min}/32$。与开敞水域相比，由图 5.7 和图 5.8 可知，附加质量和阻尼系数随着频率振荡剧烈。事实上，当港口封闭，即 S_a 为固面时，港口内部成为一个封闭水舱，其共振频率可以通过 Sloshing 理论求得

$$\sigma_{\text{res}} = k_{\text{res}} \tanh\left(k_{\text{res}} h\right) \tag{5-34}$$

式中，

$$k_{\text{res}}^2 = \pi^2 \left(\frac{m^2}{L_w^2} + \frac{n^2}{B_w^2} \right) \quad (m, n = 0, 1, 2, \cdots) \tag{5-35}$$

根据图 5.7 的计算频率区间，由式(5-34)得到一系列的封闭港口内的共振频率点(表 5.2)。图 5.7 里还给出了封闭港口含 FPSO 的附加质量。封闭港口内阻尼为 0，因而图 5.8 里未给出。封闭港口有浮体和无浮体实际上是不会相同的。但是当船体尺度相对于港口尺度为小量时，可以认为这两种自然频率数值上是接近的。值得注意的是，式(5-34)里 m 为偶数时，流体关于 $x' = 0$ 平面对称，当 m 为奇数时，流体关于 $x' = 0$ 平面反对称。同样，当 n 为偶数时，流体关于 $y' = 0$ 平面对称，当 n 为奇数时，流体关于 $y' = 0$ 平面反对称。由于 FPSO 关于 $y' = 0$ 平面对称，则纵荡、垂荡、纵摇运动对称，横荡、横摇、艏摇反对称。船体首尾两端并不对称，但是其具有相当长的一段平行中体关于 $x' = 0$ 平面对称，近似的对称与反对称也适用于 $x' = 0$ 平面，因此图 5.7 里封闭港口附加质量的波峰位置与表 5.2 里的偶数项或奇数项 m 和 n 有紧密的联系。此外，在图 5.7 中，当 $\sigma = 0.22, 0.48, \cdots$ 时，垂荡和纵摇出现了耦合共振。对于在港口开口的情况下，浮体的共振频率与港口封闭时的共振频率应有区别。从图中可以看出，开口港口情况下，大波峰出现的频率会少一些，但是在封闭港口的共振频率值附近会出现很多小波峰。

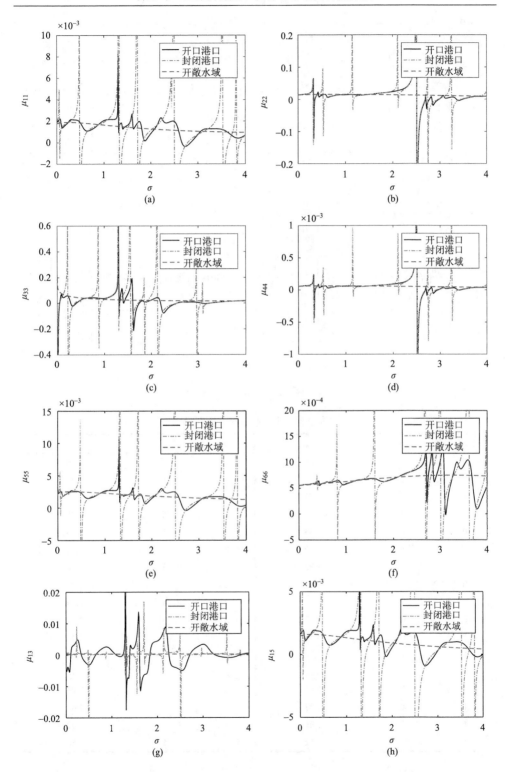

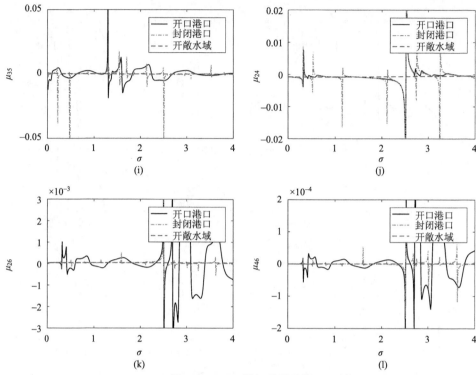

图 5.7　FPSO 附加质量系数

表 5.2　封闭港口的共振频率

n	m	σ_{res}	n	m	σ_{res}
0	0	0.00	1	7	2.70
0	1	0.06	1	8	3.33
0	2	0.22	1	9	4.00
0	3	0.49	2	0	1.26
0	4	0.86	2	1	1.31
0	5	1.32	2	2	1.46
0	6	1.85	2	3	1.70
0	7	2.44	2	4	2.03
0	8	3.08	2	5	2.44
0	9	3.77	2	6	2.91
1	0	0.33	2	7	3.45
1	1	0.38	3	0	2.65
1	2	0.55	3	1	2.70
1	3	0.81	3	2	2.83
1	4	1.17	3	3	3.04
1	5	1.61	3	4	3.32
1	6	2.12	3	5	3.68

当封闭港口内出现共振时，基于线性势流理论，波幅会趋于无穷大，在图 5.7 中得到验证。对于开口港口，波幅和附加质量不会趋于无穷，因为有波浪辐射到无穷远产生的阻尼。但是在这两个例子中，都可以观察到附加质量在共振点附近变化剧烈，有时候甚至会是负值。根据流体流动动能定理，无界流场中的主对角线附加质量为正值。由式(5-31)可得

$$A_{ij} = \frac{1}{2}\rho_0 \int\limits_{S_H} \left(\phi_j n_i + \phi_j^* n_i \right) \mathrm{d}S \tag{5-36}$$

式中，*表示共轭。上式中，用式(5-6)的法向导数替换 n_i 以及其共轭，对整个流场应用 Green 定理，得到：

$$A_{ij} = \rho_0 \mathrm{Re}\left[\int\limits_{\Omega} \left(\nabla\phi_j \cdot \nabla\phi_i \right) \mathrm{d}V \right] - \rho_0 g \mathrm{Re}\left(\int\limits_{S_F} \eta_j \eta_i \mathrm{d}S \right) \tag{5-37}$$

式(5-37)中使用了自由面和辐射条件。由式(5-37)可知，附加质量为动能与势能之差，因此，并不能保证附加质量永远是正值。在共振点附近，动能和势能的值都非常大，对于封闭港口内，甚至都是无穷大值，任何一项微小的变动都有可能产生完全不同的最终结果。

图 5.7(g)～(l)为非对角项元素幅值。与开敞水域不同的是，$\mu_{13} = \mu_{31}$、$\mu_{15} = \mu_{51}$ 耦合项受港口自身共振频率影响较大。μ_{13} 的波峰位置实质上是 μ_{11} 和 μ_{33} 波峰位置的结合，并且幅值远大于开敞水域情况下的幅值。

主对角线上的阻尼系数与波浪辐射能量有关，因此为正值，在图 5.8 里得到证明。由图 5.7 和图 5.8 可知，阻尼系数波峰位置与对称附加质量波峰位置很接近，如纵荡、垂荡和纵摇 $\sigma = 1.30$，而对于反对称水动力系数，如 $\sigma = 2.71$，横荡、横摇和艏摇阻尼系数峰值与附加质量谷值位置相近。

水动力系数的特征表现还可以进一步解释。采用切片理论，考虑船体的一个横截面，该横截面的附加质量和阻尼系数为[136]

$$A_{jk} - \mathrm{i}\frac{B_{jk}}{\omega} = A_{jk}^\mathrm{o} - \mathrm{i}\frac{B_{jk}^\mathrm{o}}{\omega} - \varepsilon_k^1 \frac{f_j^{\mathrm{o}+}}{g} - \varepsilon_k^2 \frac{f_j^{\mathrm{o}-}}{g} \tag{5-38}$$

式中，上标 o 表示开场水域解，f_k 为波浪激励力，且

$$\varepsilon_k^1 = -\left[\left(\wp_k^- t_0^- - \wp_k^+ r_0^-\right)\mathcal{R}^2 \mathrm{e}^{-\mathrm{i}k_0 B_{\mathrm{w}}} + \wp_k^+ \mathcal{R}\right]/\mathcal{M}$$

$$\varepsilon_k^2 = -\left[\left(\wp_k^+ t_0^+ - \wp_k^- r_0^+\right)\mathcal{R}^2 \mathrm{e}^{-\mathrm{i}k_0 B_{\mathrm{w}}} + \wp_k^- \mathcal{R}\right]/\mathcal{M}$$

$$\eta_k^1 = -\left[\left(\wp_k^+ t_0^+ - \wp_k^- r_0^+\right)\mathcal{R}\mathrm{e}^{-\frac{1}{2}\mathrm{i}k_0 B_{\mathrm{w}}} + \wp_k^- \mathrm{e}^{\frac{1}{2}\mathrm{i}k_0 B_{\mathrm{w}}}\right]/\mathcal{M}$$

$$\eta_k^2 = -\left[\left(\wp_k^- t_0^- - \wp_k^+ r_0^-\right)\mathcal{R}\mathrm{e}^{-\frac{1}{2}\mathrm{i}k_0 B_{\mathrm{w}}} + \wp_k^+ \mathrm{e}^{\frac{1}{2}\mathrm{i}k_0 B_{\mathrm{w}}}\right]/\mathcal{M}$$

(5-39)

式中，

$$\mathcal{M} = \left(t_0^+ t_0^- - r_0^+ r_0^-\right)\mathcal{R}^2 \mathrm{e}^{-\mathrm{i}k_0 B_{\mathrm{w}}} - \mathrm{e}^{\mathrm{i}k_0 B_{\mathrm{w}}} + r_0^- \mathcal{R} + r_0^+ \mathcal{R} \tag{5-40}$$

$\wp_k^\pm$ 为 $y \to \pm\infty$ 处第 k 个模态单位幅值强迫振动的辐射势幅值，$r_0^\pm$ 和 $t_0^\pm$ 分别为自 $y \to \pm\infty$ 来波下浮体反射和透射系数，$\mathcal{R}$ 和 $\mathcal{T}$ 分别为港口岸壁的反射系数和透射系数，因此 $\mathcal{R}=1$、$\mathcal{T}=0$。当 σ 增大时，有 $t_0^\pm = t \to 0$、$r_0^\pm = r$ 和 $|r| \to 1$，则

$$\varepsilon_k^2 = \frac{\wp_k^-}{\mathrm{e}^{k_0 l} - r} \tag{5-41}$$

式中，$\varepsilon_k^1 = (-1)^k \varepsilon_k^2$，$f_k^+ = (-1)^k f_k^-$。

利用 $f_j^{\mathrm{o}-}$ 远场公式：

$$f_j^{\mathrm{o}-} = -2\mathrm{i}\rho\omega\wp_j^- C_{\mathrm{g}} \tag{5-42}$$

式中，C_{g} 为开敞水域群速度。将式(5-41)和式(5-42)代入式(5-38)，可得

$$A_{jk} = A_{jk}^{\mathrm{o}} - \frac{2\rho\omega C_{\mathrm{g}}[1+(-1)^{j+k}]}{g}\mathrm{Im}(\mathcal{A}_{jk}) \tag{5-43}$$

$$B_{jk} = B_{jk}^{\mathrm{o}} - \frac{2\rho\omega^2 C_{\mathrm{g}}[1+(-1)^{j+k}]}{g}\mathrm{Re}(\mathcal{A}_{jk}) \tag{5-44}$$

其中，

$$\mathcal{A}_{jk} = \frac{\wp_j^- \wp_k^-}{\mathrm{e}^{k_0 l} - r} \tag{5-45}$$

式(5-45)可以进一步整理为如下表达式：

$$\mathcal{A}_{jk} = -\frac{\left|\wp_j^- \wp_k^-\right|}{\mathrm{e}^{\mathrm{i}(k_0 B_{\mathrm{w}} - \arg r)} - |r|}\mathrm{e}^{\mathrm{i}\left[\arg(\wp_j^-) + \arg(\wp_j^-) - \arg r\right]} \tag{5-46}$$

当 $k_0 B_{\mathrm{w}} - \arg r = 2n\pi$ 时，式(5-46)分母值会很小。因而将式(5-46)代入式(5-43)，

基于宽港口近似，$|r| \to 1$，则式(5-43)出现从正波峰到负波谷极大的阶跃，并且 $k_0 B_w - \arg r = 2n\pi$ 几乎不依赖于横截面的形状。由于 FPSO 的各个横截面在相当长的船长方向上变化不大，式(5-43)可以用到整艘船上。比较有意思的是，当 $m = 0$ 且忽略 $x = -L_w$ 处的墙壁，该条件实际上与式(5-35)相符。需要指出的是，$\arg r$ 影响各点的实际位置但是不影响各点的分布距离。

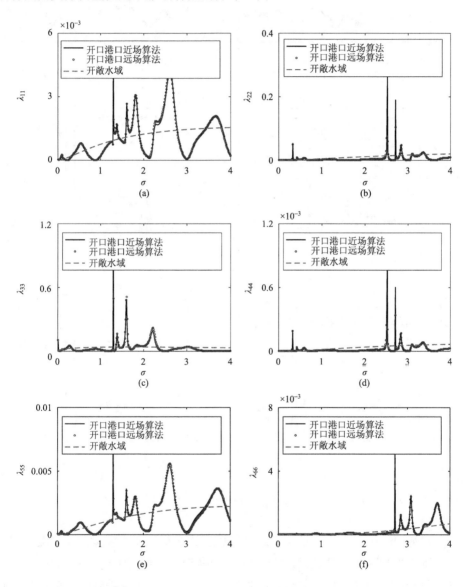

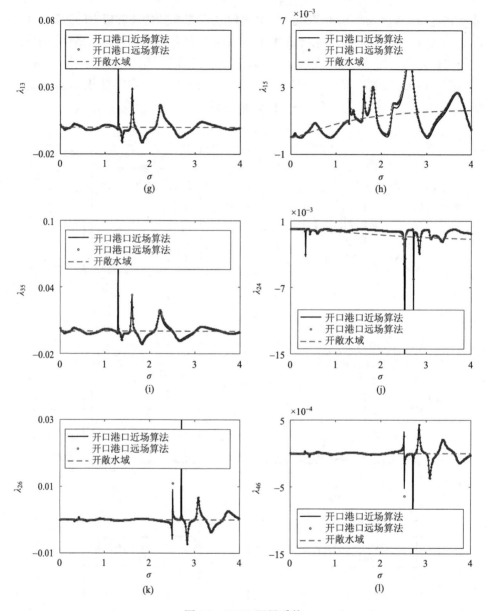

图 5.8　FPSO 阻尼系数

开口港口内的阻尼系数还可以通过远场公式求得，在本模型中需要做一定的修改，远方控制面为半圆柱面，浮体面积分最终可以转换为交界面上的积分。由图 5.8 可知，远场法给出了与近场法相近的结果，只在阻尼系数阶跃变化时有微小区别，这进一步验证了本书计算方法的准确性。

5.6.3　浪向角对浮体的影响

求解波浪激励力时，浪向角范围取为 $[0, \pi/2]$，浪向步长 $\Delta\beta = \pi/8$，取单位波幅。考虑到对称性，$\beta < 0$ 部分便不再额外给出结果与讨论。在开敞水域，纵荡或纵摇运动的波浪激励力一般在顶浪 $\beta = 0$ 最大，横浪 $\beta = \pi/2$ 最小。事实上，对于 $\beta = \pi/2$，如果 FPSO 艏部和艉部对称，纵荡、纵摇和艏摇运动幅值会等于零。图 5.6 显示 FPSO 的艏部与艉部形状的确有一定程度的对称，因此，开敞水域中，无因次波浪激励力 F_1、F_5 和 F_6 幅值会接近于零。对于横摇运动，开敞水域中，横浪下的运动幅值一般会大于斜浪下的运动幅值，如 $\beta = \pi/4$，在顶浪工况下幅值等于零。在开口港口内，情况会变得有所不同。对于纵荡或者纵摇运动，在有些频率下，$\beta \neq 0$ 时的幅值大于顶浪工况下的幅值。这种现象一部分归咎于港口本身的共振频率。且在共振频率相对比较密集的频率段内，相对于开敞水域，港口内的船舶波浪激励力会出现相对比较复杂的波形。

波浪激励力随着频率的变化也会出现高频振荡，与附加质量和阻尼系数的规律有相似但也有所不同。当 $\beta = 0$ 时，整个问题可以近似成关于内域内壁 $x = -L_w$ 的镜像。因此，在特定的频率下，来自 $x = \infty$ 和 $x = -\infty$ 的来波引起的激励力会抵消。这在 F_1、F_3 和 F_5 有所反映。类似的现象出现在浮式防波堤上。由于对称性，其余模态激励力为零。在对称模态 $\sigma = 1.30$ 以及反对称模态 $\sigma = 2.52$ 各自出现较大峰值，其与港口自振频率有关。

同阻尼系数类似，波浪激励力可以用远场法进行求解，并在图 5.9 结果中用离散点的方式给出。由图可知两种方法计算结果吻合良好。当 $\sigma \to 0$ 时，基于远场法，其波浪激励力可以化简为

$$f_j(\sigma \to 0) = 2\rho_0 g \zeta_a \int_{S_a} \frac{\partial \phi_j}{\partial n} \mathrm{d}s \tag{5-47}$$

对整个内场 Ω_1 边界采用散度定理，应用边界条件，可得

$$f_j(\sigma \to 0) = -2\rho_0 g \zeta_a \int_{S_H} \frac{\partial \phi_j}{\partial n} \mathrm{d}s = -2\rho_0 g \zeta_a \int_{S_H} n_j \mathrm{d}s = 2\rho_0 g \zeta_a \int_{S_{wp}} n_j \mathrm{d}s \tag{5-48}$$

式中，S_{wp} 为水线面。由上式可知，其结果与来波浪向角有关。对于 $j = 3$，积分为 $A_{wp} L_s^2$；对于 $j = 2, 4, 6$；积分为零，对于 $j = 1, 5$，由于船首和船尾有一定的对称，积分接近于零。为了更准确讨论 σ 趋于零时的规律，图 5.9 则进一步给出了 $\sigma = 0.0001$ 的计算结果。在该频率下，有 $\left| f_3 / (\rho_0 g L_s^3) \right| = 0.00165$，因此有

$\left| f_3 / (\rho_0 g \zeta_a A_{\mathrm{wp}} L_{\mathrm{s}}^2) \right| = 1.95$，接近于 2，与式 (5-48) 相符。除此之外，在 σ 很小的频率段内，结果波动很大。

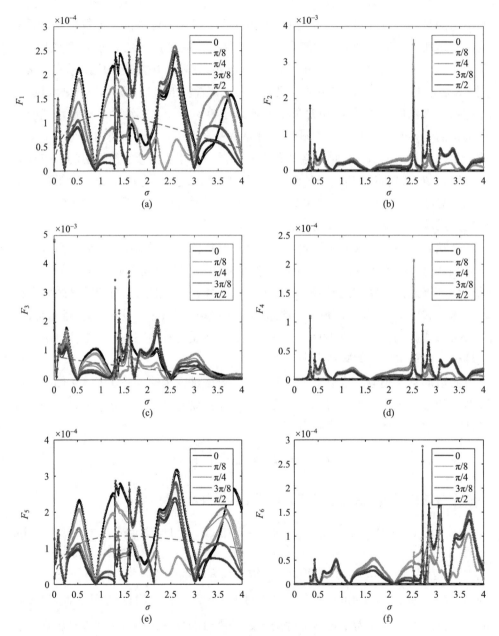

图 5.9　不同浪向角波浪激励力幅值响应

注：图中虚线表示开敞水域

由于船体左右对称，六自由度运动方程(5-26)可以解耦成三个对称模态和三个反对称模态。图 5.10 给出了算例船不同浪向角下的运动幅值，其中 $H_i = |\eta_i / \zeta_a|$ $(i = 1, \cdots, 6)$，开敞水域计算解作为参考，也在图中给出。从图中可以看出，船体运动幅值随着频率振荡明显，跟开敞水域解差别很大。振荡主要来自于港口共振，即通过水动力系数和波浪激励力来影响。前者主要影响运动分母，特别是由于附加质量的变化，以及船舶自身的共振频率，即恢复力与惯性力项相互抵消时，

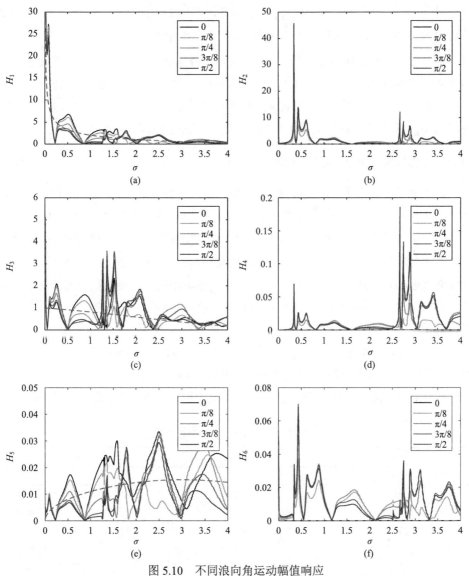

图 5.10　不同浪向角运动幅值响应

注：图中虚线表示开敞水域

也会变化，因而，运动波峰会受以上因素的综合影响。但是，在有些频率点，波浪激励力逐渐等于零，船舶运动幅值也会相应变得很小。

当 $\sigma \to 0$ 时，船舶垂荡、横摇以及纵摇运动可以表示为

$$H_3 = \left| \frac{C_{55}f_3 - C_{35}f_5}{C_{33}C_{55} - C_{53}C_{35}} \right|, \quad H_4 = \left| \frac{f_4}{C_{44}} \right|, \quad H_5 = \left| \frac{C_{33}f_5 - C_{53}f_3}{C_{33}C_{55} - C_{53}C_{35}} \right| \tag{5-49}$$

由于 $x_g = x_B$，船体密度均匀分布，则式(5-49)化简为

$$f_3 = 2C_{33}\zeta_a, \quad f_4 = 0, \quad f_5 = 2C_{35}\zeta_a \tag{5-50}$$

即可得 $H_3 = 2$、$H_4 = 0$ 和 $H_5 = 0$，与图 5.10 结果相符。

从图 5.7~图 5.10 中，可以看到有些较大峰值频率点对浪向角并不敏感。比如纵荡、垂荡和纵摇下的 $\sigma = 1.3$，横荡、横摇和艏摇下的 $\sigma = 2.74$，并且这些峰值频率点在图 5.7 和图 5.8 中都出现。也就是说，这些峰值是基于港口内的波浪的共振运动，或激励力自身的共振特性，导致了船舶的大幅运动。

5.6.4　浮体停靠位置对浮体的影响

为了研究船舶位置的影响，船舶首先在港口内进行纵向移动，朝向不变。捕捉三个不同位置，重心位置分别为 $(-L_s, 0, z_g)$、$(-2.5L_s, 0, z_g)$ 和 $(-4L_s, 0, z_g)$。其中，无因次船长 $L_s = 1$，$B_s/L_s = 0.204$，z_g 与表 5.1 相同，入射角此小节里为 $\pi/4$。

表 5.3 和表 5.4 给出了封闭港口内船舶纵向移动点的共振频率，采自主对角线附加质量峰值点。在频率很小时，很明显，共振频率几乎不受船舶位置的影响。在高频率段，其影响表现明显。并且，当 x_g 远离港口中心时，会出现很多的新峰值。由于 x_g 的移动，整个系统对称性减弱，如此共振频率模态的影响就凸显出来了。对于纵荡、纵摇以及艏摇，反对称模态即 $m = 1, 3, 5, \cdots$ 减少，对称模态 $m = 0, 2, 4, \cdots$ 增加。对于横荡、垂荡和横摇，明显相反，对称模态减少，反对称模态增加。$x_g = -L_s$ 与 $x_g = -4L_s$ 共振频率相似，源于两个工况下重心位置与港口中心的距离相同。

表 5.3　不同 x_g 的平动共振频率

纵荡 (surge)			横荡 (sway)			升沉 (heave)		
$x_g=-2.5L_s$	$x_g=-L_s$	$x_g=-4L_s$	$x_g=-2.5L_s$	$x_g=-L_s$	$x_g=-4L_s$	$x_g=-2.5L_s$	$x_g=-L_s$	$x_g=-4L_s$
0.05	0.05	0.05	/	0.22	0.22	0.22	0.22	0.22
/	0.38	0.38	0.31	0.32	0.34	/	0.32	0.34
0.48	0.48	0.48	0.52	0.54	0.57	0.48	0.48	0.57
/	0.80	0.80	/	0.87	0.87	/	0.54	0.87
1.32	1.32	1.32	1.15	1.14	1.19	0.87	0.87	1.19
/	1.60	1.62	/	1.24	1.29	/	1.14	1.29

续表

纵荡 (surge)			横荡 (sway)			升沉 (heave)		
$x_g=-2.5L_s$	$x_g=-L_s$	$x_g=-4L_s$	$x_g=-2.5L_s$	$x_g=-L_s$	$x_g=-4L_s$	$x_g=-2.5L_s$	$x_g=-L_s$	$x_g=-4L_s$
1.71	1.69	1.70	/	1.41	1.51	1.29	1.24	1.51
2.43	2.41	2.43	/	1.85	1.85	/	1.41	1.85
2.50	2.46	2.48	/	1.99	2.05	1.55	1.60	2.05
/	/	2.69	2.11	2.12	2.19	1.85	1.85	2.19
/	2.72	2.76	2.51	2.68	2.61	/	1.99	2.61
/	3.05	3.02	2.74	2.88	2.78	2.13	2.12	2.78
3.52	3.42	3.48	/	2.93	2.94	2.50	2.68	2.94
/	3.70	3.65	/	3.09	3.10	2.96	2.93	3.10
3.81	3.81	3.81	3.25	3.32	3.27	3.09	3.09	3.27
/	/	/	/	3.44	3.36	/	3.32	3.36
/	/	/	/	/	3.98	3.52	3.44	3.65
/	/	/	/	/	/	/	3.70	3.81
/	/	/	/	/			3.81	3.98

表 5.4　不同 x_g 转动共振频率

横摇 (roll)			纵摇 (pitch)			艏遥 (yaw)		
$x_g=-2.5L_s$	$x_g=-L_s$	$x_g=-4L_s$	$x_g=-2.5L_s$	$x_g=-L_s$	$x_g=-4L_s$	$x_g=-2.5L_s$	$x_g=-L_s$	$x_g=-4L_s$
/	0.22	0.22	0.05	0.05	0.05	0.38	0.38	0.38
0.31	0.32	0.34	0.22	0.22	0.22	0.80	0.80	0.48
0.52	0.54	0.57	/	0.32	0.34	/	1.14	0.80
/	0.87	0.87	/	0.38	0.38	/	1.31	1.31
1.15	1.14	1.19	0.48	0.48	0.48	1.60	1.60	1.62
/	1.24	1.29	/	0.80	0.57	/	1.69	1.70
/	1.41	1.51	1.32	1.32	0.80	/	2.41	2.43
/	1.85	1.85	1.55	1.60	1.32	/	2.46	2.48
/	1.99	2.05	1.71	1.69	1.51	2.68	2.69	2.69
2.11	2.12	2.19	2.13	2.12	1.62	/	2.72	2.76
2.51	2.68	2.61	/	2.41	1.70	3.00	3.05	3.02
2.74	2.88	2.78	2.50	2.46	2.05	/	3.42	3.48
/	2.93	2.94	/	2.72	2.43	3.62	3.70	3.65
/	3.09	3.10	/	2.93	2.48	3.98	3.81	3.81
3.25	3.32	3.27	3.09	3.05	2.77	/	/	/
3.32	3.44	3.36	/	3.32	3.02	/	/	/
3.62	/	3.98	3.52	3.42	3.48	/	/	/
/	/	/	/	3.70	3.65	/	/	/
/	/	/	3.81	3.81	3.81	/	/	/

　　图 5.11 给出了开口港口内 FPSO 的主对角线附加质量系数。由图可知，当船舶在港口中心时，在整个计算频率段内，与其他位置结果相对，具有最大振荡峰值点。当船舶离开港口中心时，该峰值点幅值减小，但会出现更多的小峰值。当船舶靠近港口开口处时，附加质量出现很多的振荡，尤其是纵荡和纵摇，这是由于与外域有更强的直接相互作用引起的。

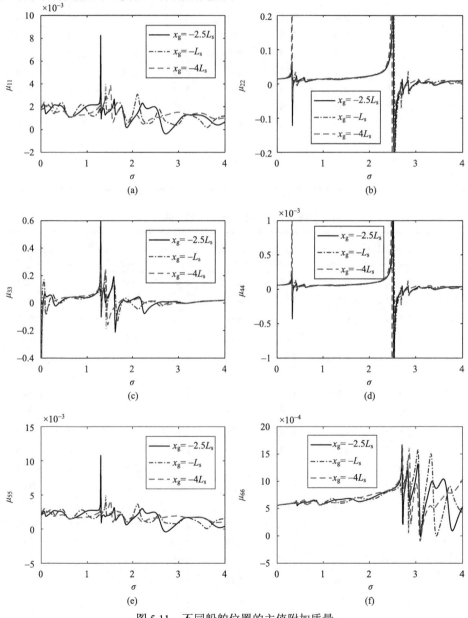

图 5.11　不同船舶位置的主值附加质量

图 5.12 中给出了相应的波浪激励力响应。由图可知，其幅值在船舶位于离开口更近处的位置振荡更加剧烈，并且有更多的频率点出现了很小的值甚至接近于 0。这用图 5.13 可以在一定程度上进行解释，图 5.13 给出的是只存在无限长海岸线 $x = -L_w$ 情况下，FPSO 变换位置所得的横荡 Froude-Krylov 力，包括来波以及其反射力，不包括船舶反射。由图 5.13 可知，同样 $x_g = -L_s$，具有更多运动幅值接近零的频率点。

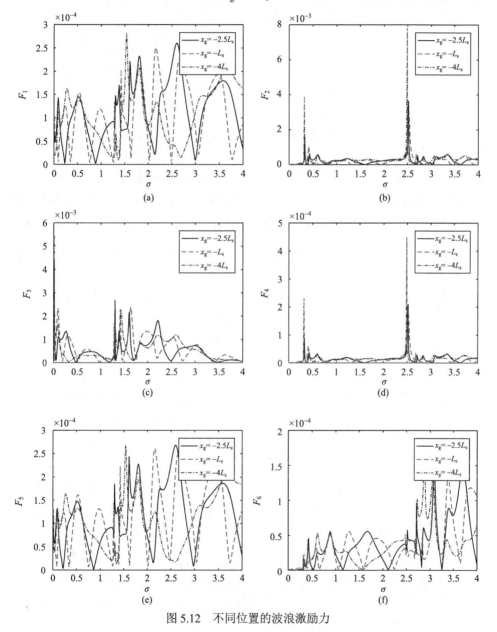

图 5.12　不同位置的波浪激励力

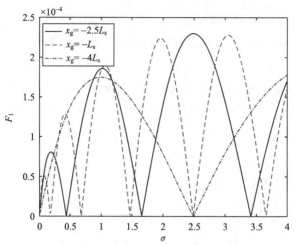

图 5.13　距无限长海岸线 $x = -L_w$ 处的横荡 Froude-Krylov 力

图 5.14 给出了相应的不同船舶位置下的运动幅值。在给定频率下，船舶位置的变动会引起其运动重要变化。这进一步反映了船舶合理的停靠位置会极大地减小运动幅值。对于不同的 x_g，振荡峰值频率点也不同。当运动幅值很小甚至

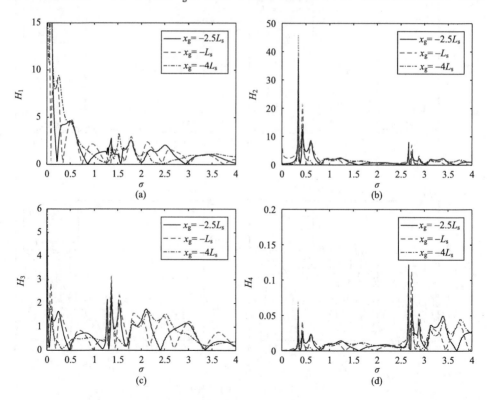

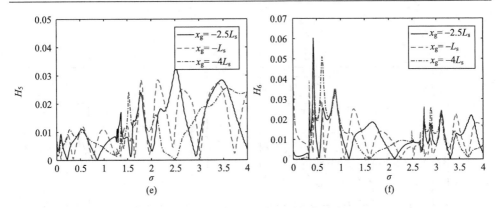

图 5.14　不同位置浮体运动幅值响应

接近于零时发生的频率位置，与图 5.12 波浪激励力的基本一致。当 $\sigma \to 0$，除了 f_3 之外，其他激励力趋于零。由于在纵荡、横荡、艏摇处没有恢复力，其运动并不趋于零。这情况在封闭港口第一个共振频率 $\sigma = 0.05$ 的作用下变得更为复杂。

　　保持船舶位置不变，即船舶位于港口中心位置，改变其朝向 γ，浪向角依然取为 $\pi/4$。图 5.15 和图 5.16 给出了 $\gamma = 0$ 和 $\gamma = \pi/2$ 的附加质量和运动幅值结果。对于开敞水域内的船舶，船舶朝向并不影响其水动力系数。但在港口内，其朝向明显影响很大。这主要跟港口自身的共振频率有关。以 μ_{11} 为例，封闭港口内，$\gamma = 0$ 时，其为关于 $x = x_g$ 的反对称模态；$\gamma = \pi/2$ 时，其为关于 $y = y_g$ 的近似对称模态。因此，每个不同的 m 和 n 模态，对港口水动力及运动有不同的影响。鉴于此，图 5.15(a) 中 $\gamma = 0$ 下的 μ_{11} 与 (b) 中 $\gamma = \pi/2$ 下的 μ_{22} 相似。类似的情况还出现在横摇和纵摇，见图 5.15(d) 和 (e)。比较有意思的是，船舶朝向对 μ_{33}、μ_{66} 的影响远小于其他量。相应地，图 5.16 中的船舶运动也反映类似规律。船舶朝向对纵荡、横荡、横摇以及纵摇影响较大，对垂荡和艏摇影响相对小很多。从图 5.16 可以看出，当船舶朝向转为 $\gamma = 0$ 时，与 $\gamma = \pi/2$ 相比，在低频率段，纵荡、横摇和纵摇的最大峰值急剧减小。因而同前文类似，合适的船舶朝向有助于降低船舶运动幅值。

5.6.5　限制水域地形对浮体的影响

　　本章方法可处理与求解海床底部局部不平、港口内外水深不一致的情况。定义内域水深 h_1，外域水深 h_2。船舶停泊于港口中心。

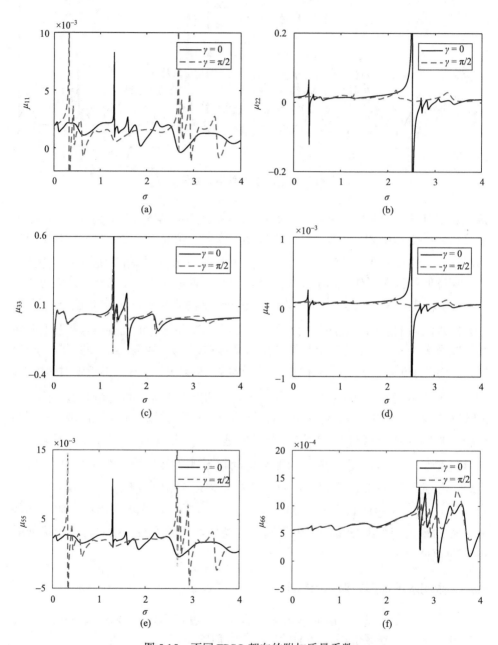

图 5.15　不同 FPSO 朝向的附加质量系数

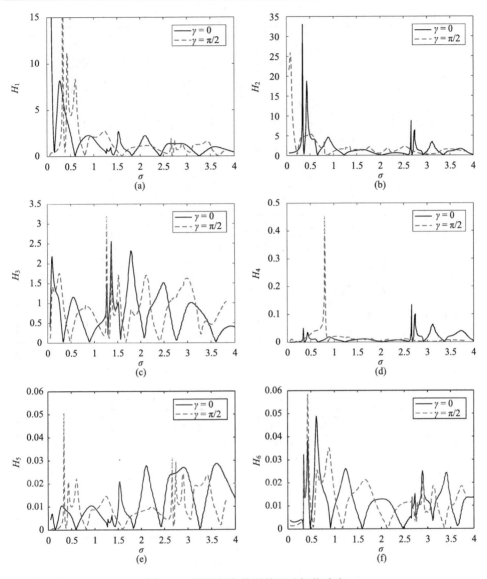

图 5.16　不同朝向的浮体运动幅值响应

　　首先考虑在港口底部，船正下方，有一半球状突起，其半径为 0.0444，中心为 $(-2.5L_w, 0, -h)$。图 5.17 分别给出了非平底情况下与平底情况下附加质量随频率变化。由图可知，对于非平底情况，相比于平底情况，其横荡、垂荡和横摇的第一个最大峰值频率点左移，纵荡、纵摇和艏摇的峰值减小。结果表明，局部的底部变化，会改变浮体运动的幅值与峰值位置。

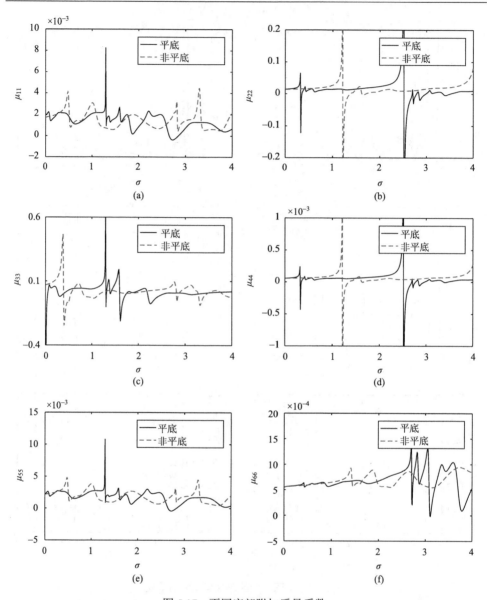

图 5.17　不同底部附加质量系数

其次，考虑内外域水深不一致的情况。选取内域与外域水深比 $h_1/h_2 = 1/3$、$2/3$ 和 1，图 5.18 给出了这三种水深比下附加质量随 σ 变化趋势。由图可知，对于不同的 h_1/h_2，其峰值频率点不同。这与相同的频率点但不同的水深下的不同波数有关，因此共振频率点也不同。图 5.19 给出了纵荡附加质量系数随 $k_0 L_s$ 变化趋势。由图可知，峰值点受 h_1/h_2 影响较小。但是在相同的波数下，不同水深的共振频率是不同的，这是由色散方程引起的，这进一步印证了图 5.18。

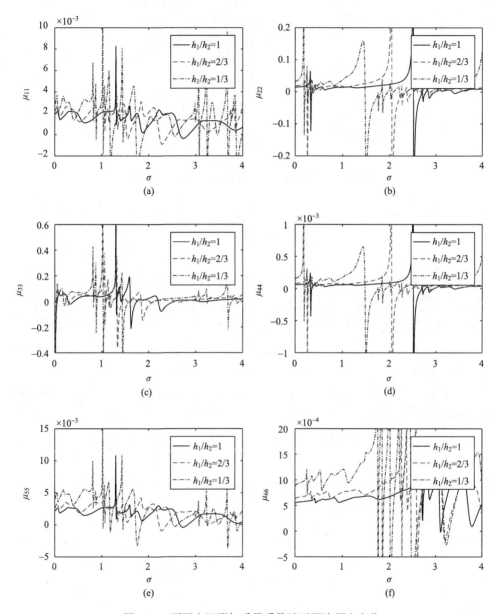

图 5.18　不同水深附加质量系数随无因次频率变化

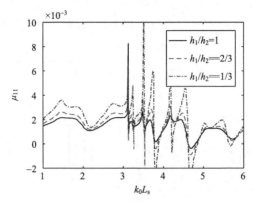

图 5.19 不同水深纵荡附加质量系数随 $k_0 L_s$ 变化

5.7 本章小结

对于三维无冰自由面港口，基于流域分解，应用三维自由面 Green 函数法与镜像法，通过对外场速度势的辅助分解，本章提出了三维任意形状港口内浮体运动的匹配计算方法，构造了无海岸线面积分的边界积分方程，实现了子域交界面上连续性条件的完全匹配。且本章方法可以处理底部局部非平底、港口内外水深不一致等问题。

自由面港口内的浮体水动力系数和运动随频率剧烈振荡变化，出现了很多耦合波峰，利用 Sloshing 理论、封闭港口浮体运动对比分析，能较好地解释该振荡现象与浮体自振频率以及港口自振频率之间联系。入射波浪向角影响因子由于受港口因素影响，对浮体作用与开敞水域对其作用产生一定偏差。浮体停靠靠近港口开口处时振荡最为剧烈。合适的浮体朝向选择有助于降低浮体运动幅值。

第6章 三维冰层覆盖港口散射波浪场计算方法

6.1 概　　述

冬季港口内会先出现冰层覆盖，而港口外还是开场自由面流域的情景。在这种情况下，流场由于冰、水和港口结构物的存在变得更为复杂。本章利用流域分解，采用三维边界元法进行匹配求解。在进行求解该三维多耦合问题时需要意识到，在实际推导过程中面临很多关键性问题，比如说冰层覆盖港口内的海冰边界条件该如何定义，冰端点和港口固壁的交界面条件该如何处理，匹配条件具体该如何应用，等等。本章针对这些问题，进一步开展三维限制冰域的理论推导。

6.2 冰层覆盖港口流场的数学描述

6.2.1 模型分域与坐标系定义

如图 6.1 所示，本模型港口内部形状任意，内部流体表面覆盖一整块连续的浮冰冰层，水深为常值。流体无黏不可压，流体密度为常值 ρ，流动无旋。当波幅与波长相比为小量时，边界条件可以线性化，非线性项可以忽略且边界条件施加于平均表面。定义笛卡儿坐标系 $O\text{-}xyz$，原点位于港口开口中心静水面，x 轴沿

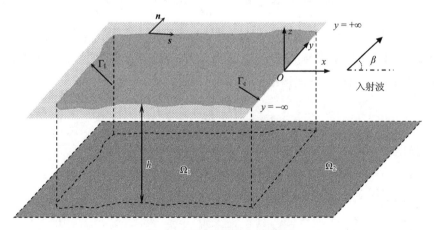

图 6.1　冰层覆盖港口示意图

港口长度方向，y 轴沿港口宽度方向，z 轴垂直向上。港口开口两侧沿岸线向 y 轴正负方向无限延伸。本章依然把整个流域分为两个子域：港口内部 Ω_1、港口外部 Ω_2，其中，内域 Ω_1 水平包络线可以表示为

$$\Gamma = (x(s), y(s)), \quad -\gamma < s < +\gamma \tag{6-1}$$

式中，2γ 为边界总弧形长度，s 为曲面坐标。

6.2.2　流域方程与边界条件

同第 5 章，这里讨论的是随圆频率 ω 发生周期性变化的波浪，各子域内速度势可以表示为

$$\Phi^{(j)}(x, y, z, t) = \mathrm{Re}\{\mathrm{i}\omega\eta[\delta_{2,j}\phi_1(x, y, z) + \phi^{(j)}(x, y, z)]\mathrm{e}^{\mathrm{i}\omega t}\} \quad (j=1,2) \tag{6-2}$$

式中，$\delta_{i,j}$ 为 Kronecker 函数，当 $i=j$ 时，$\delta_{i,j}=1$，当 $i \neq j$ 时，$\delta_{i,j}=0$；ϕ_1 为入射势；η 为入射势的复数幅值。质量守恒使速度势 $\phi^{(j)}$ 应满足 Laplace 方程：

$$\nabla^2\phi^{(j)} + \frac{\partial^2\phi^{(j)}}{\partial z^2} = 0 \tag{6-3}$$

式中，∇^2 为水平面 Laplace 算子：

$$\nabla^2 = \frac{\partial^2}{\partial x^2} + \frac{\partial^2}{\partial y^2} \tag{6-4}$$

对于港口内部，将三维海冰覆盖层视为一块弹性薄板，各向同性均质，因此海冰满足的挠度方程为

$$m\frac{\partial^2 w}{\partial t^2} + L\nabla^4 w = -\rho\frac{\partial\Phi^{(1)}}{\partial t} - \rho g w, \quad z=0 \tag{6-5}$$

式中，w 为挠度，$L = Eh_\mathrm{I}^3/[12(1-\nu^2)]$ 为有效抗弯刚度，$m = \rho_\mathrm{I}h_\mathrm{I}$ 为单位面积密度，ρ_I 和 ρ 分别为冰层密度与水密度，g 为重力加速度。为了简便起见，本章中暂不考虑冰吃水。冰面线性化的运动学条件为

$$\frac{\partial w}{\partial t} = \frac{\partial\Phi^{(1)}}{\partial z}, \quad z=0 \tag{6-6}$$

同速度势类似，将冰层挠度表示为随 ω 变化的周期性函数：

$$w(x, y, t) = \mathrm{Re}\{W(x, y)\mathrm{e}^{\mathrm{i}\omega t}\} \tag{6-7}$$

利用式(6-5)、式(6-6)和式(6-2)、式(6-7)，冰层速度势线性化的动力学边界条件为

$$(L\nabla^4 + \rho g - m\omega^2)\frac{\partial \phi^{(j)}}{\partial z} - \rho\omega^2\phi^{(j)} = 0 \tag{6-8}$$

结合实际港口内部情况，认为冰与港口内部岸壁面固结，即冰端点满足固壁条件，位移和转角条件为零：

$$w = 0 ，\quad (x, y) \in \Gamma_{\mathrm{I}} ，\quad z = 0 \tag{6-9}$$

$$\frac{\partial w}{\partial n} = 0 ，\quad (x, y) \in \Gamma_{\mathrm{I}} ，\quad z = 0 \tag{6-10}$$

式中，Γ_{I} 为内域港口与冰层相交的包络线(不包含内外域交界面)。根据式(6-6)，式(6-9)和式(6-10)可以进一步表示为

$$\frac{\partial \phi^{(1)}}{\partial z} = 0 ，\quad (x, y) \in \Gamma_{\mathrm{I}} ，\quad z = 0 \tag{6-11}$$

$$\frac{\partial^2 \phi^{(1)}}{\partial n \partial z} = 0 ，\quad (x, y) \in \Gamma_{\mathrm{I}} ，\quad z = 0 \tag{6-12}$$

式中，n 为 Γ_{I} 的单位法向量，如图 6.1 所示，指向港口外侧。港口侧壁和底部不可穿透，在侧壁以及底部 $z = -h$ 处，应满足如下条件：

$$\frac{\partial \phi^{(1)}}{\partial n} = 0 \tag{6-13}$$

内外域交界面的水平包络线 Γ_{C} 上，认为冰面端点自由，因此满足弯矩和剪力为零：

$$\mathcal{M}(\frac{\partial \phi^{(j)}}{\partial z}) = 0 ，\quad \mathcal{N}(\frac{\partial \phi^{(j)}}{\partial z}) = 0 ，\quad (x, y) \in \Gamma_{\mathrm{C}} ，\quad z = 0 \tag{6-14}$$

式中，算子 $\mathcal{M}$ 和 $\mathcal{N}$ 为[131]

$$\mathcal{M} = \nabla^2 - \nu_0(\sin^2\Theta\frac{\partial^2}{\partial x^2} + \cos^2\Theta\frac{\partial^2}{\partial y^2} - \sin 2\Theta\frac{\partial^2}{\partial x\partial y}) \tag{6-15}$$

$$\mathcal{N} = \frac{\partial}{\partial n}\nabla^2 + \nu_0\frac{\partial}{\partial s}[\cos 2\Theta\frac{\partial^2}{\partial x\partial y} + \frac{\sin 2\Theta}{2}(\frac{\partial^2}{\partial y^2} - \frac{\partial^2}{\partial x^2})] \tag{6-16}$$

式中，$\nu_0 = 1 - \nu$。n 和 s 分别为 Γ_{C} 的单位法向量和切向量，如图 6.1 所示。定义 $\Theta(s)$ 为 n 和 x 轴正向夹角，因而 $n = (\cos\Theta, \sin\Theta)$，$s = (-\sin\Theta, \cos\Theta)$。

在港口外侧开敞水域，由线性自由面运动学条件和动力学条件可得

$$-\omega^2\phi^{(2)} + g\frac{\partial \phi^{(2)}}{\partial z} = 0 ，\quad z = 0 \tag{6-17}$$

底部在 $z = -h$ 处满足：

$$\frac{\partial \phi^{(j)}}{\partial n} = 0 \tag{6-18}$$

无穷远处速度势满足辐射波外传条件：

$$\lim_{r_h \to \infty} \sqrt{R}\left(\frac{\partial \phi^{(2)}}{\partial R} + ik_0\phi^{(2)}\right) = 0 \tag{6-19}$$

式中，$r_h^2 = x^2 + y^2$，$i = \sqrt{-1}$，k_0 为波数，满足色散方程：

$$gk\tanh(kh) = \omega^2 \tag{6-20}$$

k_0 为该方程的正实根。由于两个子域内的水平面 $z = 0$ 处存在不均一表面条件，内域为冰面条件，满足式(6-8)，外域为自由面条件，满足式(6-17)，下文将对这两个子域分别进行详细推导求解。

6.3　两个子域内的数学推导

6.3.1　内域速度势级数展开与边界积分方程的建立

对于内域冰面覆盖流域，利用分离变量法，将速度势做水平和垂向分解：

$$\phi^{(1)}(p) = \sum_m \varphi_m(x,y)\psi_m(z) \tag{6-21}$$

该求和表示包含所有本征值和本征函数，则 Laplace 方程(6-3)可以分离成水平面方向方程

$$\nabla^2\varphi_m + \kappa_m^2\varphi_m = 0 \tag{6-22}$$

和垂直方向方程

$$\frac{\mathrm{d}^2\psi_m}{\mathrm{d}z^2} - \kappa_m^2\psi_m = 0 \tag{6-23}$$

通过式(6-23)、式(6-8)以及底部条件(6-13)，得到：

$$\psi_m(z) = \frac{\cosh[\kappa_m(z+h)]}{\cosh(\kappa_m h)} \tag{6-24}$$

式中，κ_m 满足冰域色散方程：

$$(L\kappa^4 + \rho g - m\omega^2)\kappa\tanh(\kappa h) = \rho\omega^2 \tag{6-25}$$

如前序章节所述，κ_{-2} 和 κ_{-1} 为两个复数根，虚部为负数，且关于虚轴对称，κ_0 为正实根，κ_m（$m = 1, \cdots, \infty$）为一系列负虚根。因此式(6-21)可进一步表示为

$$\phi^{(1)}(p) = \sum_{m=-2}^{\infty} \varphi_m(x,y)\psi_m(z) \tag{6-26}$$

注意式(6-22)实质上为 Helmholtz 方程，利用辐射条件(6-19)，选取合适的 Green 函数：

$$G^{(1)}(p,q) = \frac{\pi}{2\mathrm{i}} H_0^{(2)}(\kappa_m R) \tag{6-27}$$

其中，$H_0^{(2)}(\kappa_m R)$ 为第二类零阶 Hankel 函数，满足 Helmholtz 方程。利用 Green 第三公式，将子域 Ω_1 流域中任意一点的速度势转化为边界上的积分：

$$\alpha^{(1)}(p)\varphi_m(p) = \int_\Gamma [G^{(1)}(p,q)\frac{\partial \varphi_m(q)}{\partial n} - \frac{\partial G^{(1)}(p,q)}{\partial n}\varphi_m(q)]\mathrm{d}l \tag{6-28}$$

$\alpha^{(1)}$ 为场点 p 的固角系数。

6.3.2　侧向固壁条件的处理

在内域不可穿透港口侧壁上，由于式(6-24)不具有正交性，本书引入内积公式：

$$<\psi_m, \psi_{\tilde{m}}> = \int_{-h}^0 \psi_m \psi_{\tilde{m}} \mathrm{d}z + \frac{L}{\rho\omega^2}(\frac{\partial \psi_m}{\partial z}\frac{\partial^3 \psi_{\tilde{m}}}{\partial z^3} + \frac{\partial^3 \psi_m}{\partial z^3}\frac{\partial \psi_{\tilde{m}}}{\partial z})_{z=0} \tag{6-29}$$

若 $m \neq \tilde{m}$，$<\psi_m, \psi_{\tilde{m}}> = 0$，若 $m = \tilde{m}$，则 $<\psi_m, \psi_{\tilde{m}}> = Q_m$，其中，

$$Q_m = \frac{2\kappa_m h + \sinh(2\kappa_m h)}{4\kappa_m \cosh^2(\kappa_m h)} + \frac{2L\kappa_m^4}{\rho\omega^2}\tanh^2(\kappa_m h) \tag{6-30}$$

对 $\partial \phi^{(1)}/\partial n$ 和 $\psi_{\tilde{m}}$ 应用内积公式，可得

$$<\frac{\partial \phi^{(1)}}{\partial n}, \psi_{\tilde{m}}> = \int_{-h}^0 \frac{\partial \phi^{(1)}}{\partial n}\psi_{\tilde{m}}\mathrm{d}z + \frac{L}{\rho\omega^2}(\frac{\partial^2 \phi^{(1)}}{\partial z \partial n}\frac{\partial^3 \psi_{\tilde{m}}}{\partial z^3} + \frac{\partial^4 \phi^{(1)}}{\partial z^3 \partial n}\frac{\partial \psi_{\tilde{m}}}{\partial z})_{z=0} \tag{6-31}$$

其中，基于港口边界条件(6-13)和冰面边界条件(6-11)，方程右端第一项和第二项为零。对上式剩余部分，本书提出定义未知数：

$$\Upsilon = \frac{\partial^4 \phi^{(1)}}{\partial n \partial z^3}\bigg|_{z=0} \tag{6-32}$$

则式(6-31)可以整理为

$$<\frac{\partial \phi^{(1)}}{\partial n}, \psi_{\tilde{m}}> = \frac{L}{\rho\omega^2}\Upsilon(\frac{\partial \psi_{\tilde{m}}}{\partial z})_{z=0} \tag{6-33}$$

将式(6-26)代入方程(6-33)左端，整理可得如下表达式：

$$\frac{\partial \varphi_{\tilde{m}}}{\partial n}Q_{\tilde{m}} = \frac{L}{\rho\omega^2}\Upsilon(\frac{\partial \psi_{\tilde{m}}}{\partial z})_{z=0} \tag{6-34}$$

需要注意的是，考虑到港口内壁冰端点条件(6-11)，联立式(6-34)，该未知数 Υ 可自行封闭求解，因此定义的未知数实质上相当于已知量。

6.3.3　外域边界积分方程的建立

对于外域自由面流域 Ω_2，为了消除沿 y 轴无限长的岸壁边界积分，选用第 5 章的速度势分解方式：

$$\phi^{(2)} = \phi_{\mathrm{I}} + \phi^{(2)\prime} + \phi^{(2)\prime\prime} \tag{6-35}$$

式中，

$$\phi_{\mathrm{I}} = \varphi_{\mathrm{I}}(x,y)Z_0(z), \quad \phi^{(2)\prime}(x,y,z) = \overline{\phi}_{\mathrm{I}}(x,y,z) \tag{6-36}$$

利用第 5 章的三维自由面 Green 函数 G，积分式见式(5-13)，对外域建立边界积分方程：

$$\alpha^{(2)}(p)\phi^{(2)\prime\prime}(p) = \int_{S_C} [G^{(2)}(p,q)\frac{\partial \phi^{(2)\prime\prime}(q)}{\partial n}]\mathrm{d}S \tag{6-37}$$

$\alpha^{(2)}(p)$ 为场点 $p(x,y,z)$ 的固角系数，右端是对点 $q(\xi,\eta,\zeta)$ 的积分。$G^{(2)} = G + \overline{G}$，$\overline{}$ 表示关于 yOz 平面的镜像。在交界面 S_C 上，垂向从冰边缘向流域底部延伸，将速度势 $\phi^{(2)\prime\prime}$ 与法向导数 $\partial \phi^{(2)\prime\prime} / \partial n$ 展成一系列本征函数的求和：

$$\phi^{(2)\prime\prime}(p) = \sum_{m=0}^{\infty} \phi_m(x,y)Z_m(z), \quad \frac{\partial \phi^{(2)\prime\prime}(p)}{\partial n} = \sum_{m=0}^{\infty} \frac{\partial \phi_m(x,y)}{\partial n}Z_m(z) \tag{6-38}$$

式中，

$$Z_m(z) = \frac{\cosh[k_m(z+h)]}{\cosh(k_m h)} \tag{6-39}$$

k_m $(m=0,1,2,\cdots)$ 为自由面流域色散方程 $gk_m \tanh(k_m h) = \omega^2$ 的解。其中，k_0 为实根，k_m $(m=1,2,\cdots)$ 为一系列负虚根。

第 5 章的自由面 Green 函数式(5-13)也可以写成级数表达式：

$$G(p,q) = -4\pi\mathrm{i}\sum_{m=0}^{\infty} D_m \cosh^2(k_m H)Z_m(z)Z_m(\zeta)H_0^{(2)}(k_m R) \tag{6-40}$$

式中，

$$D_m = \frac{k_m}{2k_m h + \sinh(2k_m h)} \tag{6-41}$$

将式(6-38)和式(6-40)代入式(6-37)，利用一次级数正交性，整理可得

$$\alpha^{(2)}(p)\sum_{m=0}^{\infty}\phi_m(x,y)Z_m(z)$$

$$=-\pi\mathrm{i}\sum_{m=0}^{\infty}Z_m(z)\int_{-h}^{0}Z_m(\zeta)Z_m(\zeta)\mathrm{d}\zeta \tag{6-42}$$

$$\cdot\int_{\Gamma_C}[H_0^{(2)}(k_m R)+\bar{H}_0^{(2)}(k_m R)]\frac{\partial\phi_m(\xi,\eta)}{\partial n}\mathrm{d}s$$

对等式两端同乘以 $Z_{\tilde{m}}(z)$，沿 $-h$ 至 0 对 z 作垂向积分，再用一次级数正交性，可得

$$\frac{\mathrm{i}}{\pi}\alpha^{(2)}(p)\phi_m(x,y)=\int_{\Gamma_C}[H_0^{(2)}(k_m R)+\bar{H}_0^{(2)}(k_m R)]\frac{\partial\phi_m(\xi,\eta)}{\partial n}\mathrm{d}s \tag{6-43}$$

经整理，最后可得外域边界积分方程：

$$\tilde{\alpha}^{(2)}(p)\phi_m^{(2)''}(p)=\int_{\Gamma_C}[\tilde{G}^{(2)}(p,q)]\frac{\partial\phi_m^{(2)''}(q)}{\partial n}\mathrm{d}s \tag{6-44}$$

式中，

$$\tilde{\alpha}^{(2)}(p)=\frac{\mathrm{i}}{\pi}\alpha^{(2)}(p)，\quad \tilde{G}^{(2)}=[H_0^{(2)}(k_m R)+\bar{H}_0^{(2)}(k_m R)] \tag{6-45}$$

6.4　连续性条件的处理

获得各子域的速度势表达式之后，需要建立起内外域之间的联系，即在内外域交界面上，需要满足压力和速度连续：

$$\phi^{(1)}(x,y,z)=\phi^{(2)}(x,y,z) \tag{6-46}$$

$$\frac{\partial\phi^{(1)}(x,y,z)}{\partial n}=\frac{\partial\phi^{(2)}(x,y,z)}{\partial n} \tag{6-47}$$

其中，上标 (1) 和 (2) 分别指代港口内部子域 Ω_1 和港口外部子域 Ω_2，内外法向量 $\boldsymbol{n}$ 统一。

为了应用连续性条件，本书继续采用内积公式。对 $\phi^{(1)}$ 和 $\psi_{\tilde{m}}$ 应用内积公式，则可得如下内积表达式：

$$<\phi^{(1)},\psi_{\tilde{m}}>=\int_{-h}^{0}\phi^{(1)}\psi_{\tilde{m}}\mathrm{d}z+\frac{L}{\rho\omega^2}\left(\frac{\partial\phi^{(1)}}{\partial z}\frac{\partial^3\psi_{\tilde{m}}}{\partial z^3}+\frac{\partial^3\phi^{(1)}}{\partial z^3}\frac{\partial\psi_{\tilde{m}}}{\partial z}\right)_{z=0} \tag{6-48}$$

将式 (6-46) 代入式 (6-48) 右端第一项，可得

$$< \phi^{(1)}, \psi_{\tilde{m}} > = \int_{-h}^{0} \phi^{(2)} \psi_{\tilde{m}} \mathrm{d}z + \frac{L}{\rho \omega^2} \left(\frac{\partial \phi^{(1)}}{\partial z} \frac{\partial^3 \psi_{\tilde{m}}}{\partial z^3} + \frac{\partial^3 \phi^{(1)}}{\partial z^3} \frac{\partial \psi_{\tilde{m}}}{\partial z} \right)_{z=0} \qquad (6\text{-}49)$$

同理，对 $\partial \phi^{(1)} / \partial n$ 和 $\psi_{\tilde{m}}$ 应用内积公式，可得对应内积表达式：

$$< \frac{\partial \phi^{(1)}}{\partial n}, \psi_{\tilde{m}} > = \int_{-h}^{0} \frac{\partial \phi^{(1)}}{\partial n} \psi_{\tilde{m}} \mathrm{d}z + \frac{L}{\rho \omega^2} \left(\frac{\partial^2 \phi^{(1)}}{\partial z \partial n} \frac{\partial^3 \psi_{\tilde{m}}}{\partial z^3} + \frac{\partial^4 \phi^{(1)}}{\partial z^3 \partial n} \frac{\partial \psi_{\tilde{m}}}{\partial z} \right)_{z=0} \qquad (6\text{-}50)$$

将式(6-47)代入式(6-50)右端第一项，可得

$$< \frac{\partial \phi^{(1)}}{\partial n}, \psi_{\tilde{m}} > = \int_{-h}^{0} \frac{\partial \phi^{(2)}}{\partial n} \psi_{\tilde{m}} \mathrm{d}z + \frac{L}{\rho \omega^2} \left(\frac{\partial^2 \phi^{(1)}}{\partial z \partial n} \frac{\partial^3 \psi_{\tilde{m}}}{\partial z^3} + \frac{\partial^4 \phi^{(1)}}{\partial z^3 \partial n} \frac{\partial \psi_{\tilde{m}}}{\partial z} \right)_{z=0} \qquad (6\text{-}51)$$

将式(6-26)以及相应的法向导数分别代入式(6-49)和式(6-51)左端，分别可得

$$\varphi_{\tilde{m}} Q_{\tilde{m}} = \int_{-h}^{0} \phi^{(2)} \psi_{\tilde{m}} \mathrm{d}z + \frac{L}{\rho \omega^2} \left(\frac{\partial \phi^{(1)}}{\partial z} \frac{\partial^3 \psi_{\tilde{m}}}{\partial z^3} + \frac{\partial^3 \phi^{(1)}}{\partial z^3} \frac{\partial \psi_{\tilde{m}}}{\partial z} \right)_{z=0} \qquad (6\text{-}52)$$

$$\frac{\partial \varphi_{\tilde{m}}}{\partial n} Q_{\tilde{m}} = \int_{-h}^{0} \frac{\partial \phi^{(2)}}{\partial n} \psi_{\tilde{m}} \mathrm{d}z + \frac{L}{\rho \omega^2} \left(\frac{\partial^2 \phi^{(1)}}{\partial z \partial n} \frac{\partial^3 \psi_{\tilde{m}}}{\partial z^3} + \frac{\partial^4 \phi^{(1)}}{\partial z^3 \partial n} \frac{\partial \psi_{\tilde{m}}}{\partial z} \right)_{z=0} \qquad (6\text{-}53)$$

根据式(6-3)，$\partial^2 \phi^{(j)} / \partial z^2 = -\nabla^2 \phi^{(j)}$，$j = 1$，则式(6-52)与式(6-53)可整理成：

$$\varphi_{\tilde{m}} Q_{\tilde{m}} = \int_{-h}^{0} \phi^{(2)} \psi_{\tilde{m}} \mathrm{d}z + \frac{L}{\rho \omega^2} \left[\frac{\partial \phi^{(1)}}{\partial z} \frac{\partial^3 \psi_{\tilde{m}}}{\partial z^3} - \nabla^2 \left(\frac{\partial \phi^{(1)}}{\partial z} \right) \frac{\partial \psi_{\tilde{m}}}{\partial z} \right]_{z=0} \qquad (6\text{-}54)$$

$$\frac{\partial \varphi_{\tilde{m}}}{\partial n} Q_{\tilde{m}} = \int_{-h}^{0} \frac{\partial \phi^{(2)}}{\partial n} \psi_{\tilde{m}} \mathrm{d}z + \frac{L}{\rho \omega^2} \left\{ \frac{\partial^2 \phi^{(1)}}{\partial z \partial n} \frac{\partial^3 \psi_{\tilde{m}}}{\partial z^3} - \left[\frac{\partial}{\partial n} \nabla^2 \left(\frac{\partial \phi^{(1)}}{\partial z} \right) \right] \frac{\partial \psi_{\tilde{m}}}{\partial z} \right\}_{z=0} \qquad (6\text{-}55)$$

易知：

$$\frac{\partial x}{\partial s} = -\sin \Theta, \quad \frac{\partial y}{\partial s} = \cos \Theta \qquad (6\text{-}56)$$

则式(6-15)和式(6-16)内的算子 $\mathcal{M}$ 和 $\mathcal{N}$ 可以化简为

$$\mathcal{M} = \nabla^2 - v_0 \left(\frac{\partial^2}{\partial s^2} + \frac{\partial \Theta}{\partial s} \frac{\partial}{\partial n} \right) \qquad (6\text{-}57)$$

$$\mathcal{N} = \frac{\partial}{\partial n} \nabla^2 + v_0 \frac{\partial}{\partial s} \left(\frac{\partial^2}{\partial s \partial n} - \frac{\partial \Theta}{\partial s} \frac{\partial}{\partial s} \right) \qquad (6\text{-}58)$$

应用冰端点边界条件(6-14)，则有

$$\nabla^2 \left(\frac{\partial \phi^{(1)}}{\partial z} \right) = v_0 \left(\frac{\partial^2}{\partial s^2} + \frac{\partial \Theta}{\partial s} \frac{\partial}{\partial n} \right) \left(\frac{\partial \phi^{(1)}}{\partial z} \right) \qquad (6\text{-}59)$$

$$\frac{\partial}{\partial n} \nabla^2 \left(\frac{\partial \phi^{(1)}}{\partial z} \right) = -v_0 \frac{\partial}{\partial s} \left(\frac{\partial^2}{\partial s \partial n} - \frac{\partial \Theta}{\partial s} \frac{\partial}{\partial s} \right) \left(\frac{\partial \phi^{(1)}}{\partial z} \right) \qquad (6\text{-}60)$$

将式(6-59)和式(6-60)分别代入式(6-54)和式(6-55)，分别可得

$$\varphi_{\tilde{m}}Q_{\tilde{m}} = \int_{-h}^{0}\phi^{(2)}\psi_{\tilde{m}}\mathrm{d}z + \frac{L}{\rho\omega^2}\Big[\frac{\partial\phi^{(1)}}{\partial z}\frac{\partial^3\psi_{\tilde{m}}}{\partial z^3} - v_0\Big(\frac{\partial^2}{\partial s^2}+\frac{\partial\Theta}{\partial s}\frac{\partial}{\partial n}\Big)\Big(\frac{\partial\phi^{(1)}}{\partial z}\Big)\frac{\partial\psi_{\tilde{m}}}{\partial z}\Big]_{z=0} \quad (6\text{-}61)$$

$$\frac{\partial\varphi_{\tilde{m}}}{\partial n}Q_{\tilde{m}} = \int_{-h}^{0}\frac{\partial\phi^{(2)}}{\partial n}\psi_{\tilde{m}}\mathrm{d}z + \frac{L}{\rho\omega^2}\Big\{\frac{\partial^2\phi^{(1)}}{\partial z\partial n}\frac{\partial^3\psi_{\tilde{m}}}{\partial z^3}$$

$$-\Big[-v_0\frac{\partial}{\partial s}\Big(\frac{\partial^2}{\partial s\partial n}-\frac{\partial\Theta}{\partial s}\frac{\partial}{\partial s}\Big)\Big(\frac{\partial\phi^{(1)}}{\partial z}\Big)\Big]\frac{\partial\psi_{\tilde{m}}}{\partial z}\Big\}_{z=0} \quad (6\text{-}62)$$

将式(6-26)、式(6-35)与式(6-38)代入式(6-61)和式(6-62)整理可得

$$\varphi_{\tilde{m}}Q_{\tilde{m}} = (\phi_I + \bar{\phi}_I)\Im_{0,\tilde{m}} + \sum_{m=0}^{\infty}\phi_m\Im_{m,\tilde{m}} + \sum_{m=-2}^{\infty}\Re_{m,\tilde{m}}\varphi_m \quad (6\text{-}63)$$

$$\frac{\partial\varphi_{\tilde{m}}}{\partial n}Q_{\tilde{m}} = \sum_{m=0}^{\infty}\frac{\partial\phi_m}{\partial n}\Im_{m,\tilde{m}} + \sum_{m=-2}^{\infty}\aleph_{m,\tilde{m}}\varphi_m \quad (6\text{-}64)$$

其中，$\Re_{m,\tilde{m}}$、$\aleph_{m,\tilde{m}}$、$\Im_{m,\tilde{m}}$ 分别为

$$\Re_{m,\tilde{m}} = \frac{L}{\rho\omega^2}\frac{\partial\psi_m}{\partial z}\Big[\Big(\frac{\partial^3\psi_{\tilde{m}}}{\partial z^3}-v_0\frac{\partial\psi_{\tilde{m}}}{\partial z}\frac{\partial^2}{\partial s^2}\Big)-v_0\frac{\partial\psi_{\tilde{m}}}{\partial z}\frac{\partial\Theta}{\partial s}\frac{\partial}{\partial n}\Big]_{z=0} \quad (6\text{-}65)$$

$$\aleph_{m,\tilde{m}} = \frac{L}{\rho\omega^2}\frac{\partial\psi_m}{\partial z}\Big[\Big(\frac{\partial^3\psi_{\tilde{m}}}{\partial z^3}+v_0\frac{\partial\psi_{\tilde{m}}}{\partial z}\frac{\partial^2}{\partial s^2}\Big)\frac{\partial}{\partial n}-v_0\frac{\partial\psi_{\tilde{m}}}{\partial z}\Big(\frac{\partial^2\Theta}{\partial s^2}\frac{\partial}{\partial s}+\frac{\partial\Theta}{\partial s}\frac{\partial^2}{\partial s^2}\Big)\Big]_{z=0} \quad (6\text{-}66)$$

$$\Im_{m,\tilde{m}} = \int_{-h}^{0}Z_m\psi_{\tilde{m}}\mathrm{d}z = \frac{1}{\cosh(k_m h)\cosh(\kappa_{\tilde{m}}h)}\Big\{\frac{\sinh[h(k_m-\kappa_{\tilde{m}})]}{2(k_m-\kappa_{\tilde{m}})}+\frac{\sinh[h(k_m+\kappa_{\tilde{m}})]}{2(k_m+\kappa_{\tilde{m}})}\Big\}$$

$$(6\text{-}67)$$

6.5　数　值　离　散

为了数值求解整个三维冰层覆盖港口水波散射问题，利用 Hess-Smith 法，将积分曲线 Γ_I 和 Γ_C 分别离散成 N_I 和 N_C 个单元，每个单元上变量 $\varphi_m^{(i)}$ 和 $\partial\varphi_m^{(i)}/\partial n$ 为常值，对内域 Ω_1 和外域 Ω_2 的本征函数无穷级数式(6-21)和式(6-38)进行截断处理，其截断级数分别为 M_1、M_2，其中 $M_1 = M-3$、$M_2 = M-1$。综上，式(6-28)、式(6-33)、式(6-44)、式(6-63)和式(6-64)构成了含 φ_m、$\partial\varphi_m/\partial n$、$\phi_m$、$\partial\phi_m/\partial n$ 共 $2M\times N_I + 4M\times N_C$ 个未知数的 $2M\times N_I + 4M\times N_C$ 封闭方程组。

6.6　三维冰层覆盖港口水波散射程序验证与数值计算

在下文的数值计算与分析中，冰的典型参数选取如下：

$$E = 5\,\text{GPa}\,,\quad \nu = 0.3\,,\quad \rho_i = 922.5\,\text{kg/m}^3 \tag{6-68}$$

其他基本物理量水密度 $\rho_w = 1025\,\text{kg/m}^3$，重力加速度 $g = 9.80\,\text{m/s}^2$。

6.6.1　有效性验证

为了验证本章方法的收敛性和准确性，首先采用一个圆柱 60° 开口港口算例，该算例取自自由面港口研究文献[110]，取港口半径 a 为特征长度，港口水深 h/a 为 0.133，入射角为 $\beta = \pi$。取单位入射波水平分量为

$$\varphi_I = \frac{ig}{\omega}e^{-ik_0(x\cos\beta + y\sin\beta)} \tag{6-69}$$

图 6.2 给出了港口内冰厚 $h_I/a = 0.013$ 下计算点无因次反射系数随无因次波数计算结果，考虑到文献[110]只用了一项模态进行自由面港口的求解，因此为了方便比较，定义反射系数 $|\mathcal{R}|$ 为扰动速度势 $M = 1$ 项分量与 $\phi_I + \phi^{(2)\prime}$ 幅值之比。需要注意的是 $|\mathcal{R}|$ 并不是独立的，而是与总级数 M 相关。选用文献[110]计算点，即 $p(-0.0628, -0.2012, 0.0)$，由图可知，级数 M 取 30 项、单元数 $N = N_I + N_C = 143$（$N_I = 120$、$N_C = 23$）与级数 $M = 20$ 项、单元数 $N = N_I + N_C = 71$（$N_I = 60$、$N_C = 11$）两组情况下的计算点结果吻合，即满足级数与单元数结果收敛。从物理意义上来说，当冰厚趋于零时，整个冰层覆盖港口问题应退化到自由面港口问题。当港口内冰厚 $h_I/a = 2.67 \times 10^{-5}$ 时，如图 6.3 所示，由图可知，其计算结果不仅收敛，且趋近于 Lee[110] 无冰港口数值解以及实验结果，证明方法是理想的。

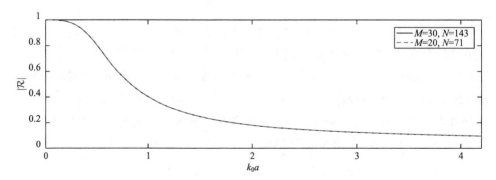

图 6.2　冰厚 $h_I/a = 0.013$ 圆柱港口 60° 开口计算点 $p(-0.0628, -0.2012, 0.0)$ 反射系数

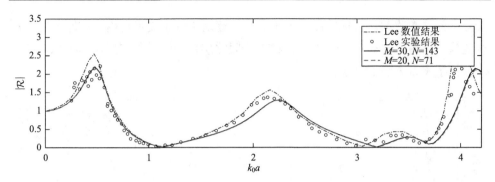

图 6.3　冰厚 $h_\mathrm{I}/a = 2.67 \times 10^{-5}$ 圆柱港口 60°开口计算点 $p(-0.0628, -0.2012, 0.0)$ 反射系数

　　为了进一步验证，选用开口角度10°圆柱港口算例，与前一个算例相比，其他基本参数保持不变，即特征长度依然为港口半径 a，港口水深 h/a 为 1，入射角为 $\beta = \pi$，区别在于开口角度与计算点位置的变换。通过计算，图 6.4 和图 6.5 分别给出了港口内冰厚 $h_\mathrm{I}/a = 0.013$ 和 $h_\mathrm{I}/a = 2.67 \times 10^{-5}$ 计算点 $p(0.1025,$ $-0.2012, 0.0)$ 处的反射系数随波数变化趋势图。由图可知，针对该小开口角度下模型，当级数 M 取为30项、单元数目 $N = N_\mathrm{I} + N_\mathrm{C} = 144$（$N_\mathrm{I} = 140$、$N_\mathrm{C} = 4$）与级数取为 20 项、单元数目 $N = N_\mathrm{I} + N_\mathrm{C} = 72$（$N_\mathrm{I} = 70$、$N_\mathrm{C} = 2$）计算结果吻合，结果收敛。同理，当港口内冰厚 $h_\mathrm{I}/a = 2.67 \times 10^{-5}$，如图 6.5 所示，其反射系数幅值亦趋于 Lee[111]文献无冰港口数值解以及实验结果。

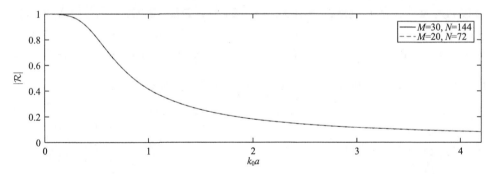

图 6.4　冰厚 $h_\mathrm{I}/a = 0.013$ 圆柱港口 10°开口计算点 $p(0.1025, -0.2012, 0.0)$ 反射系数幅值

　　需要注意的是，冰厚 $h_\mathrm{I}/a = 2.67 \times 10^{-5}$ 下圆柱 60°开口港口给出的图 6.3、圆柱 10°小开口港口给出的图 6.5 与无冰港口数值解在峰值幅值大小略有差异，这是由于文献计算波数步长相对本章计算波数步长较大引起的，并不影响整体结果对比论证。由以上两组不同开口的圆柱形港口算例计算对比可知，本章计算方法结果

级数和网格数收敛，且在冰厚趋于小值时，逐渐趋近于文献自由面计算结果以及试验值，且趋近方式与文献[106]圆柱在无限冰层覆盖流域的绕射问题类似，进一步验证了本章方法的准确性。

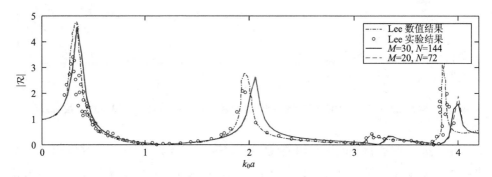

图 6.5　冰厚 $h_I/a = 2.67 \times 10^{-5}$ 圆柱港口 $10°$ 开口计算点 $p(0.1025, -0.2012, 0.0)$ 反射系数幅值

6.6.2　冰厚对海冰覆盖港口的影响

选用一个箱型港口作为计算标准算例，该算例取自 Lee[110] 的无冰自由面港口文献。取港口长度 L_w 为特征长度，港口宽度 B_w/L_w 以及水深 h/L_w 分别为 0.1943、0.8268。不失一般性，图 6.6 给出冰厚 $h_I/L_w = 1.633 \times 10^{-5}$ 计算结果，作为与自由面港口文献结果的对比验证。由图可知，在计算波数范围内，式(6-26)和式(6-38)级数取为 30 项、单元数目 $N_I = 269$、$N_C = 24$ 与级数取 20 项、单元数目 $N_I = 134$、$N_C = 12$，这两组计算结果相吻合，结果收敛，与圆柱形港口的模拟验证相对应。结果表明，冰厚为 $h_I/L_w = 1.633 \times 10^{-5}$ 情况下箱型冰面港口下的 $|R|$ 趋近于自由面港口结果，与 Lee[110] 自由面港口试验值相近，这符合实际物理意义。

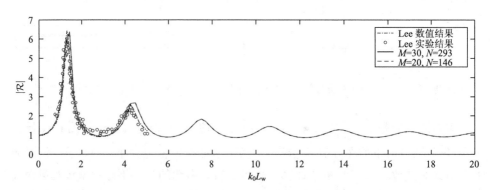

图 6.6　冰厚 $h_I/L_w = 1.633 \times 10^{-5}$ 箱型港口计算点 $p_1(-1, 0, 0)$ 反射系数

图 6.7 计算给出了箱型港口内入射波浪向角为 $\beta = \pi$，冰厚 $h_1/L_w = 8.16 \times 10^{-3}$，计算点 $p_1(-1,0,0)$ 的无因次反射系数随无因次波数变化趋势。级数取 30 项、单元数目 $N_I = 269$、$N_C = 24$ 与级数取 20 项、单元数目 $N_I = 134$、$N_C = 12$，这两组计算结果计算收敛。须知，根据实际工程中的港口尺度，此冰厚已经在应考虑的最大冰厚范围之上，因此针对该计算波数段，后文所有计算均采用 20 项级数，不再多做说明。由施加的边界条件式(6-10)可知，计算点 $p_1(-1,0,0)$ 在港口内部边界面上，其挠度为零，如图 6.7 所示，其反射系数并不为零。由式(6-11)可知，海冰挠度为速度势偏导数的所有本征函数分量组合之和，由于缺少 z 向偏导的影响，因此作为反映速度势的反射系数不为零并不奇怪。

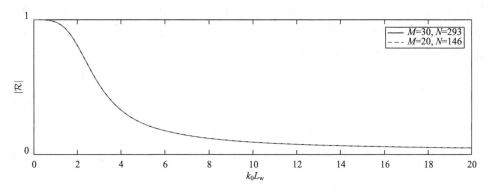

图 6.7　冰厚 $h_1/L_w = 8.16 \times 10^{-3}$ 箱型港口计算点 $p_1(-1,0,0)$ 反射系数

由图 6.6 可知，取极小冰厚 $h_1/L_w = 1.633 \times 10^{-5}$ 时反射系数随波数变化振荡剧烈，在 $k_0 L_w = 1.4$、4.2 等附近出现若干峰值点。因此图 6.8 给出了该计算点 $p_1(-1,0,0)$ 关于图 6.6 第一个峰值点 $k_0 L_w = 1.4$ 与第二个峰值点 $k_0 L_w = 4.2$ 下海冰

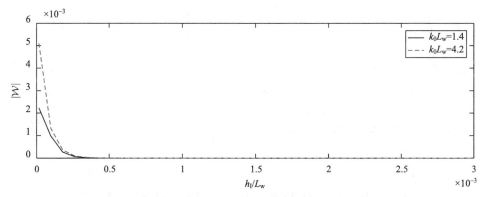

图 6.8　箱型港口计算点 $p_1(-1,0,0)$ 海冰挠度沿冰厚 h_1/L_w 变化图

挠度随冰厚变化趋势图。由图可知，从极小冰厚开始，随着冰厚的增大，冰层刚性固结边缘条件产生的约束效果极为明显，当 $h_{\mathrm{I}}/L_{\mathrm{w}} > 5\times10^{-4}$，港口固壁上的计算点挠度迅速降为零，成功转化到冰面刚性固结条件。

由图 6.7 可知，在港口内部冰端点为刚性固定，开口处自由条件下，冰厚 $h_{\mathrm{I}}/L_{\mathrm{w}} = 8.16\times10^{-3}$ 时，当波数趋于零时，表明无波，反射系数趋于 1，随着波数的增大，呈现单调递减趋势，其值趋于 0。然而为充分考虑到多个冰厚海冰与港口刚性固结条件下的水波特性，图 6.9 和图 6.10 分别再给出了港口内冰厚 $h_{\mathrm{I}}/L_{\mathrm{w}} = 5.0\times10^{-4}$、$h_{\mathrm{I}}/L_{\mathrm{w}} = 8.16\times10^{-3}$ 之间取的另外三组冰厚，即 $h_{\mathrm{I,1}} = h_{\mathrm{I}}/L_{\mathrm{w}} = 8.16\times10^{-4}$、$h_{\mathrm{I,2}} = h_{\mathrm{I}}/L_{\mathrm{w}} = 2.45\times10^{-3}$、$h_{\mathrm{I,3}} = h_{\mathrm{I}}/L_{\mathrm{w}} = 4.08\times10^{-3}$，港口内沿港口长度方向 $p_1(-1.0,0,0)$、$p_2(-0.75,0,0)$、$p_3(-0.5,0,0)$、$p_4(-0.25,0,0)$ 计算点反射系数与冰层挠度随无因次波数变化结果，其中由于 $p_1(-1.0,0,0)$ 挠度为零，结果便不在图中给出。

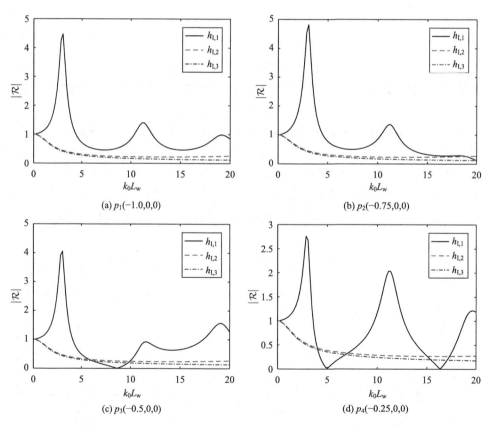

(a) $p_1(-1.0,0,0)$　　　　　(b) $p_2(-0.75,0,0)$

(c) $p_3(-0.5,0,0)$　　　　　(d) $p_4(-0.25,0,0)$

图 6.9　箱型港口沿港口长度方向不同计算点不同冰厚下反射系数

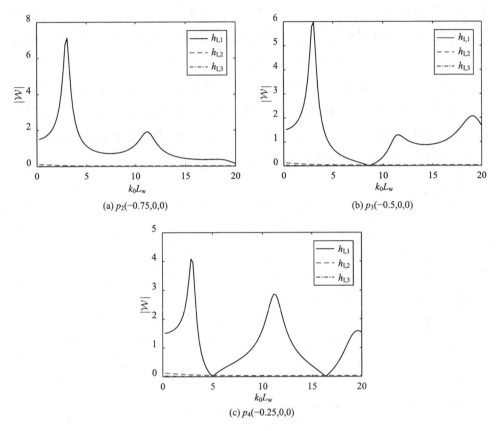

(a) $p_2(-0.75, 0, 0)$
(b) $p_3(-0.5, 0, 0)$
(c) $p_4(-0.25, 0, 0)$

图 6.10　箱型港口沿港口长度向计算点不同冰厚海冰挠度

在计算波数范围内,港口内不同冰厚下的反射系数与海冰挠度规律有所不同。由图 6.9 和图 6.10 可知，冰厚为 $h_{\mathrm{I},1} = h_{\mathrm{I}}/L_{\mathrm{w}} = 8.16 \times 10^{-4}$，计算点反射系数和挠度随波数是振荡变化的，而冰厚 $h_{\mathrm{I},2} = h_{\mathrm{I}}/L_{\mathrm{w}} = 2.45 \times 10^{-3}$、$h_{\mathrm{I},3} = h_{\mathrm{I}}/L_{\mathrm{w}} = 4.08 \times 10^{-3}$ 情况下，港口内计算点的反射系数和挠度曲线随着波数的增加，并无剧烈振荡峰值，整体趋势单调减小。在计算波数范围内，由于冰厚的增加同时影响色散方程和海冰自身刚度，进而振荡特性减弱甚至消失，并且海冰挠度幅值整体上是逐渐减小的。同理，上一小节中的两组圆形港口算例中，在计算波数段内也出现了类似现象。

图 6.11 和图 6.12 分别给出了港口外三组冰厚 $h_{\mathrm{I},1} = h_{\mathrm{I}}/L_{\mathrm{w}} = 8.16 \times 10^{-4}$、$h_{\mathrm{I},2} = h_{\mathrm{I}}/L_{\mathrm{w}} = 2.45 \times 10^{-3}$、$h_{\mathrm{I},3} = h_{\mathrm{I}}/L_{\mathrm{w}} = 4.08 \times 10^{-3}$，箱型港口沿海岸线方向计算点

$p_5(0,0.0971,0)$、$p_6(0,0.073,0)$、$p_7(0,0.049,0)$、$p_8(0,0.024,0)$ 四个计算点反射系数与 $\phi^{(2)''}$ 分量波面升高 $|\eta|$ 随无因次波数变化结果。同内场类似，冰厚 $h_{1,1}=h_1/L_w=8.16\times10^{-4}$ 情况下，外场沿岸线上的计算点反射系数与 $\phi^{(2)''}$ 分量波面升高随波数是振荡变化的，而冰厚增大到 $h_{1,2}=h_1/L_w=2.45\times10^{-3}$、$h_{1,3}=h_1/L_w=4.08\times10^{-3}$ 时，这些振荡波数点就消失了。$h_{1,2}=h_1/L_w=2.45\times10^{-3}$ 到 $h_{1,3}=h_1/L_w=4.08\times10^{-3}$ 阶段，自由面波高幅值变大。小冰厚 $h_{1,1}=h_1/L_w=8.16\times10^{-4}$ 波高在大冰厚波高附近振荡。此外由于计算点横坐标一致，根据波的反射特性，易知不同计算点在同一冰厚下随波数变化趋势是类似的。

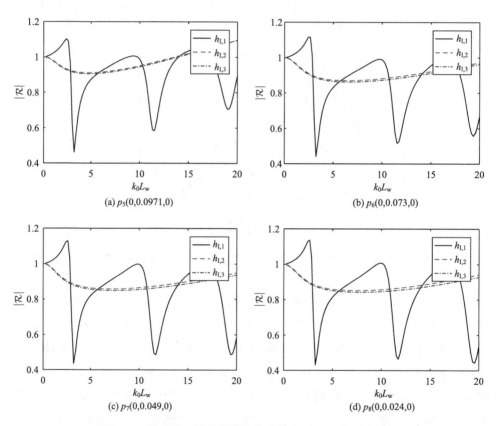

图 6.11　箱型港口沿海岸线方向计算点不同冰厚反射系数

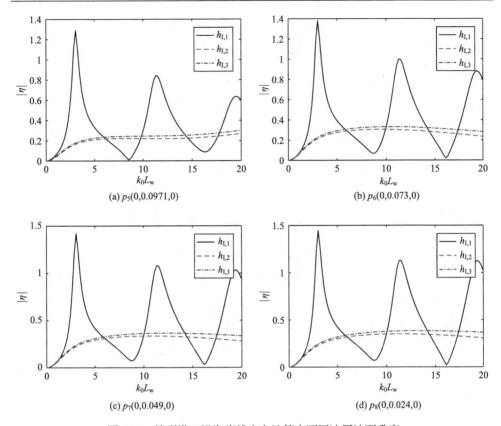

图 6.12　箱型港口沿海岸线方向计算点不同冰厚波面升高

6.6.3　浪向角对海冰覆盖港口的影响

图 6.13 和图 6.14 分别给出了港口内冰厚 $h_I/L_w = 4.08 \times 10^{-3}$，沿港口长度方向计算点 $p_1(-1.0,0,0)$、$p_2(-0.75,0,0)$、$p_3(-0.5,0,0)$、$p_4(-0.25,0,0)$，浪向角 $\beta = 0.5\pi$、

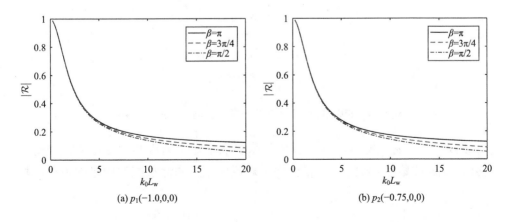

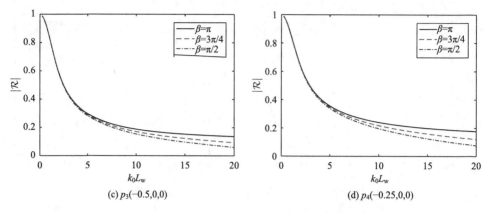

(c) $p_3(-0.5,0,0)$　　　　　　　　　　　　(d) $p_4(-0.25,0,0)$

图 6.13　箱型港口沿船长方向计算点不同浪向角反射系数

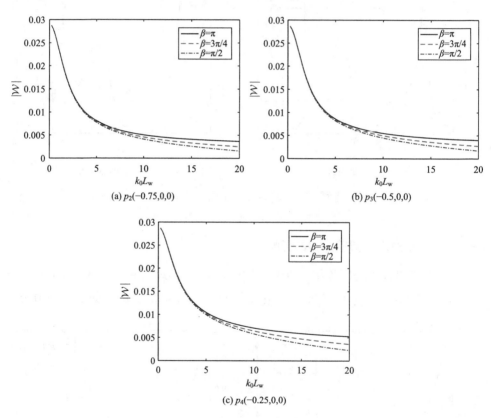

图 6.14　箱型港口沿船长方向计算点不同浪向角海冰挠度

$\beta=3\pi/4$、$\beta=\pi$ 工况下，反射系数与冰层挠度随无因次波数变化结果。由图可知，在低波数段（$k_0L_w \leqslant 2$），浪向角对反射系数与冰层挠度的影响很小，随着波数的增加，浪向角的影响凸显。$\beta=\pi/2$工况下幅值最小，$\beta=\pi$工况下幅值最大。

图 6.15 与图 6.16 分别给出了港口外 $x=0$ 处箱型港口沿海岸线方向冰厚 $h_{\mathrm{I}}/L_{\mathrm{w}}=4.08\times10^{-3}$，计算点 $p_5(0,0.0971,0)$、$p_6(0,0.073,0)$、$p_7(0,0.049,0)$、$p_8(0,0.024,0)$，三组浪向角 $\beta=0.5\pi$、$\beta=3\pi/4$、$\beta=\pi$ 工况下反射系数和自由面 $\phi^{(2)\prime\prime}$ 分量波高 $|\eta|$ 随无因次波数变化结果。由图可知，同内场流域类似，反射系数和自由面 $\phi^{(2)\prime\prime}$ 分量波高在低波数段，受浪向角影响较小，在高波数段，浪向角对其幅值影响较大，$\beta=\pi$ 工况下反射系数最大，自由面 $\phi^{(2)\prime\prime}$ 分量波高最小，$\beta=0.5\pi$ 工况下反射系数最小，自由面 $\phi^{(2)\prime\prime}$ 分量波高最大。

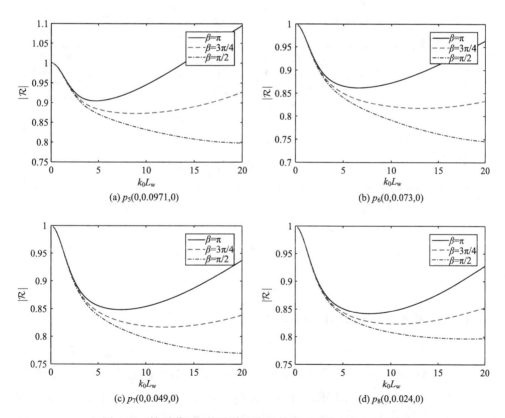

图 6.15　箱型港口沿海岸线方向计算点不同浪向角反射系数

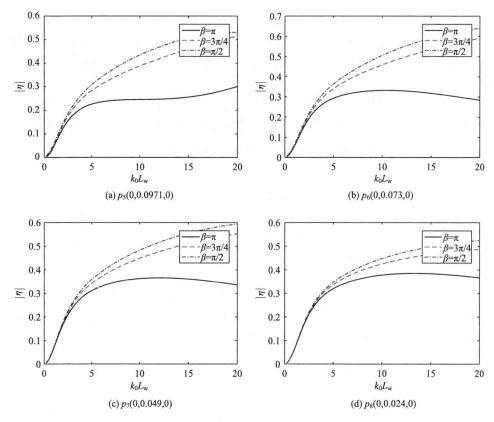

(a) $p_5(0,0.0971,0)$ (b) $p_6(0,0.073,0)$

(c) $p_7(0,0.049,0)$ (d) $p_8(0,0.024,0)$

图 6.16 箱型港口沿海岸线方向计算点不同浪向角波面升高

6.6.4 冰层覆盖港口流域散射分布特性

给定波数 $k_0L_w = 5.0$、$k_0L_w = 10$，$k_0L_w = 15$，冰厚 $h_1/L_w = 8.16 \times 10^{-4}$、$h_1/L_w = 4.08 \times 10^{-3}$，浪向角 $\beta = \pi$ 与 $\beta = 0.75\pi$，图 6.17～图 6.22 给出了对应的港口内海冰挠度与港口外自由面波高分布云图，因此可清晰得到整个港口内外流域水波散射的分布特性。其中外场取值宽度与港口宽度等宽，外场自由面分别给出了扰动势分量 $\phi^{(2)''}$ 波高幅值，入射波与扰动势分量求和分量 $\phi_1 + \phi^{(2)'}$ 幅值。

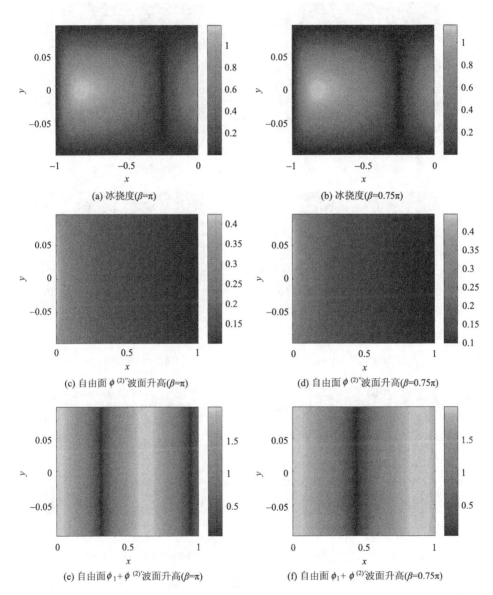

图 6.17　港口内海冰挠度与港口外自由面波面升高云图（$k_0L_w = 5.0, h_1/L_w = 8.16 \times 10^{-4}$）

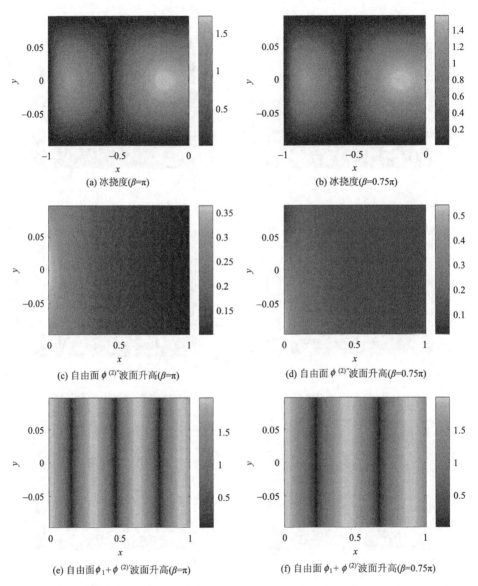

(a) 冰挠度($\beta=\pi$)

(b) 冰挠度($\beta=0.75\pi$)

(c) 自由面$\phi^{(2)''}$波面升高($\beta=\pi$)

(d) 自由面$\phi^{(2)''}$波面升高($\beta=0.75\pi$)

(e) 自由面$\phi_1+\phi^{(2)'}$波面升高($\beta=\pi$)

(f) 自由面$\phi_1+\phi^{(2)'}$波面升高($\beta=0.75\pi$)

图 6.18　港口内海冰挠度与港口外自由面波面升高云图（$k_0L_{\mathrm{w}}=10, h_{\mathrm{I}}/L_{\mathrm{w}}=8.16\times10^{-4}$）

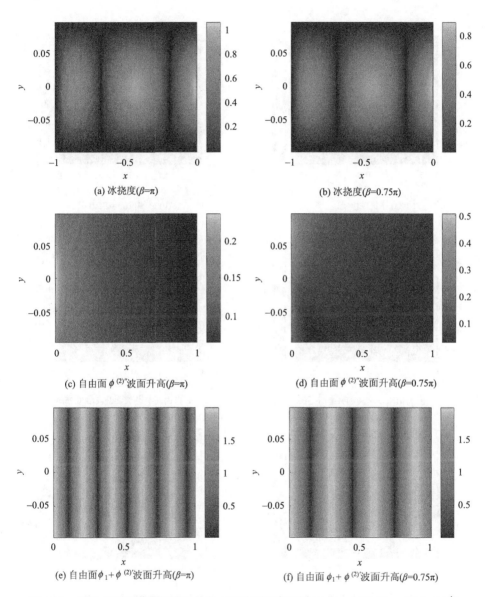

(a) 冰挠度($\beta=\pi$)　　　　　　　　　(b) 冰挠度($\beta=0.75\pi$)

(c) 自由面 $\phi^{(2)''}$波面升高($\beta=\pi$)　　　　(d) 自由面 $\phi^{(2)''}$波面升高($\beta=0.75\pi$)

(e) 自由面$\phi_1+\phi^{(2)'}$波面升高($\beta=\pi$)　　　(f) 自由面$\phi_1+\phi^{(2)'}$波面升高($\beta=0.75\pi$)

图 6.19　港口内海冰挠度与港口外自由面波面升高云图（$k_0 L_w = 15, h_I/L_w = 8.16 \times 10^{-4}$）

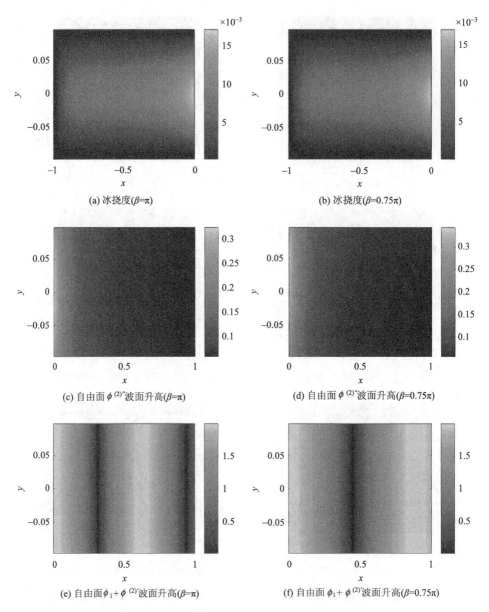

(a) 冰挠度($\beta=\pi$)　　　　　　　　　　(b) 冰挠度($\beta=0.75\pi$)

(c) 自由面$\phi^{(2)''}$波面升高($\beta=\pi$)　　　　(d) 自由面$\phi^{(2)''}$波面升高($\beta=0.75\pi$)

(e) 自由面$\phi_1+\phi^{(2)'}$波面升高($\beta=\pi$)　　(f) 自由面$\phi_1+\phi^{(2)'}$波面升高($\beta=0.75\pi$)

图 6.20　港口内海冰挠度与港口外自由面波面升高云图（$k_0L_w=5.0, h_I/L_w=4.08\times10^{-3}$）

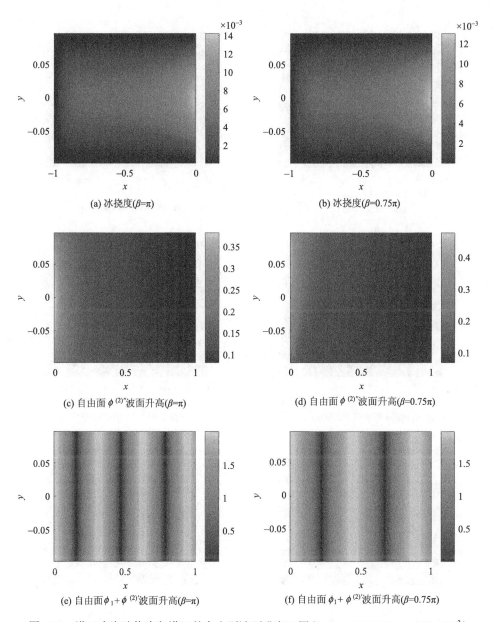

图 6.21　港口内海冰挠度与港口外自由面波面升高云图（$k_0 L_w = 10.0, h_1/L_w = 4.08 \times 10^{-3}$）

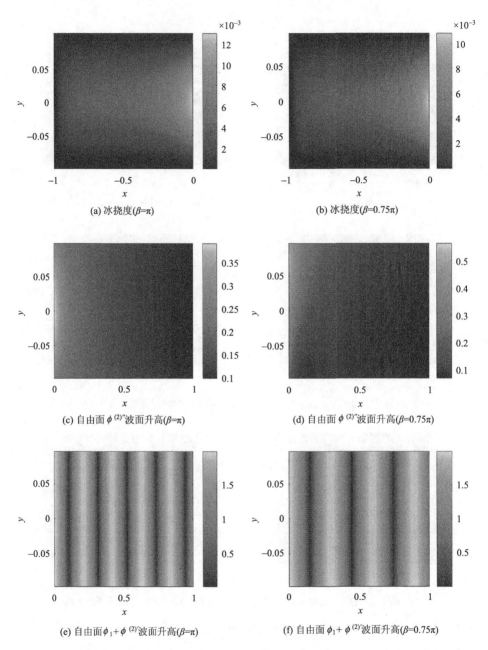

(a) 冰挠度($\beta=\pi$)

(b) 冰挠度($\beta=0.75\pi$)

(c) 自由面$\phi^{(2)''}$波面升高($\beta=\pi$)

(d) 自由面$\phi^{(2)''}$波面升高($\beta=0.75\pi$)

(e) 自由面$\phi_1+\phi^{(2)'}$波面升高($\beta=\pi$)

(f) 自由面$\phi_1+\phi^{(2)'}$波面升高($\beta=0.75\pi$)

图 6.22　港口内海冰挠度与港口外自由面波面升高云图（$k_0L_{\mathrm{w}}=15.0, h_1/L_{\mathrm{w}}=4.08\times10^{-3}$）

由图 6.17~图 6.22 可知，港口与海冰固结区域海冰挠度为零，而港口开口处挠度不为零，符合边界条件定义。且在给定波数、冰厚与浪向下，海冰的最大挠度出现在港口 $y=0$ 轴向附近。对于港口外部，自由面波面升高峰值点基本聚集在与内部港口的交界面周围，随着 x、y 的变大幅值向外逐步衰减变小，符合外传波的衰减特性。

由图 6.17~图 6.19 可知，当冰厚为 $h_1/L_w = 8.16 \times 10^{-4}$ 时，波数 $k_0 L_w = 5.0$，出现两个海冰挠度极值圈，其中最大挠度出现在港口的左半部分位置；波数 $k_0 L_w = 10.0$，海冰挠度极值圈依然是两个，但是最大挠度出现在港口的右半部分位置；波数 $k_0 L_w = 15.0$，出现三个海冰挠度极值圈，最大挠度出现在港口开口处。三个工况相比，$k_0 L_w = 10.0$ 海冰最大挠度幅值高于其他两组的最大挠度幅值，说明在冰厚为 $h_1/L_w = 8.16 \times 10^{-4}$ 情况下，海冰最大挠度是随波数振荡变化的，这在图 6.9、图 6.10 不同计算点随波数变化结果中得到印证。

注意到 $\phi_1 + \phi^{(2)\prime}$ 在不同浪向角作用下，其最大幅值没有发生改变，由于 $\phi_1 + \phi^{(2)\prime}$ 的表达式为

$$\phi_1 + \phi^{(2)\prime} = 2\frac{\mathrm{i}g}{\omega}\frac{\cosh[k_0(z+h)]}{\cosh(k_0 h)}\cos(k_0 x \cos\beta)\mathrm{e}^{-\mathrm{i}k_0(y\sin\beta)} \tag{6-70}$$

可知，$z=0$ 时波面升高幅值为 $2|\cos(k_0 x \cos\beta)|$，其最大值为 2，存在沿 x 轴的驻波，在 $x = (\pi/2 + n\pi)/k_0 \cos\beta$ $(n=0,1,2,\cdots)$ 处出现零点，在 $x = n\pi/k_0 \cos\beta$ $(n=0,1,2,\cdots)$ 处出现极值，当 β 变化时，会相应地改变自由面波形相位。

由图 6.17~图 6.22 可知，浪向角对内场海冰挠度的整体分布影响不大，但是不同浪向角下幅值大小存在差异，斜浪下的挠度尤其是峰值点明显小于迎浪情况下的挠度。对于外场自由面流域，自由面波面升高对浪向角的变化是敏感的，可以明显观察到不同浪向角工况下整个外域波形图随浪向产生的偏移。

由图 6.17、图 6.20 可知，波数 $k_0 L_w = 5.0$，冰厚从 $h_1/L_w = 8.16 \times 10^{-4}$ 增加到 $h_1/L_w = 4.08 \times 10^{-3}$ 时，冰厚的增大在影响色散关系的同时也使得海冰刚度变大，因此由图中可以观察到海冰挠度幅值随之迅速变小。与低冰厚工况下结果不同的是，冰厚较大情况下，几组不同波数的海冰最大挠度都出现在开口处。

6.7　本 章 小 结

针对三维冰层覆盖任意形状港口流场，本章基于三维海冰覆盖流域本征函数速度势级数式、外域自由面速度势积分式、正交内积公式，提出流域分解模型，

将复杂的水波、海冰与港口问题，分解成了冰层覆盖港口内与开敞水域外两个问题，解决了冰域内本征函数的非正交性、港口固壁与海冰相交面的冰层边缘条件等关键性问题。计算结果表明了本章方法的有效性。当冰厚趋于零时，三维冰层覆盖港口问题计算结果趋于自由面港口结果，符合实际物理意义，表明了本方法归一性。

对于港口内部冰边缘条件为刚性固定，港口开口处冰自由端情况下，低冰厚情况下内外域散射波是随无因次波数振荡变化的。随着冰厚增加，冰刚度增大，约束作用增强，港口自振频率作用锐减，水波振荡特性逐渐减弱。低波数段，入射波浪向角对海冰挠度与自由面波面升高影响相对较小，高波数段，迎浪工况下海冰挠度与自由面波高幅值最大，横浪工况下海冰挠度与自由面波高幅值最小。此外，入射波浪向角对港口内海冰挠度分布影响较小，但港口外自由面流域波高在不同浪向角作用下呈现对应波形偏移。

参 考 文 献

[1] Bird K J, Charpentier R R, Gautier D L, et al. Circum-Arctic resource appraisal: estimates of undiscovered oil and gas north of the Arctic circle[J]. Fact Sheet, 2008.

[2] Appolonov E M, Sazonov K E, Dobrodeev A A, et al. Studies for development of technologies to make a wide channel in ice[C]. Espoo: The 22nd International Conference on Port and Ocean Engineering under Arctic Conditions, 2013.

[3] 朱英富, 刘祖源, 解德, 等. 极地船舶核心关键基础技术现状及我国发展对策[J]. 中国科学基金, 2015(3): 178-186.

[4] Wehausen J V, Laitone E V. Surface Waves[M]. Berlin Verlag: Springer, 1960: 446-778.

[5] Newman J N. Marine Hydrodynamics[M]. Cambridge: MIT Press, 1977.

[6] Faltinsen M O. Wave loads on offshore structures[J]. Annual Review of Fluid Mechanics, 1990, 22(1): 35-56.

[7] Maniar H, Newman J. Wave diffraction by a long array of cylinders[J]. Journal of fluid mechanics, 1997, 339: 309-330.

[8] 滕斌, 李玉成, 董国海. 双色入射波下二阶波浪力响应函数[J]. 海洋学报, 1999, 21(2): 115-123.

[9] 徐刚, 段文洋. 常数分布 Rankine 源法与二阶绕射问题精度研究[J]. 哈尔滨工程大学学报, 2010, 31(9): 1144-1152.

[10] 缪国平, 刘应中. 大直径圆柱上的二阶波浪力[J]. 中国造船, 1987(3): 14-26.

[11] 陈纪康. 基于泰勒展开边界元法的水波与浮体二阶水动力问题数值模拟[D]. 哈尔滨: 哈尔滨工程大学, 2015.

[12] 陈纪康, 段文洋, 李建东, 等. 泰勒展开边界元法的船舶兴波阻力计算[J]. 哈尔滨工程大学学报, 2019, 40(5): 872-877.

[13] Squire V A, Dugan J P, Wadhams P, et al. Of ocean waves and sea ice[J]. Annual Review of Fluid Mechanics, 1995, 27(1): 115-168.

[14] Squire V A. Past, present and impendent hydroelastic challenges in the polar and subpolar seas[J]. Philosophical Transactions Mathematical Physical & Engineering Sciences, 2011, 369(1947): 2813-2831.

[15] 季顺迎, 李春花, 刘煜. 海冰离散元模型的研究回顾及展望[J]. 极地研究, 2013, 24(4): 315-330.

[16] 王瑞学. 海冰动力学数值模拟及波浪与海冰相互作用[D]. 大连: 大连理工大学, 2010.

[17] Armstrong T, Roberts B, Swithinbank C. Illustrated Glossary of Snow and Ice[M]. Scott Polar Research Institute, 1973.

[18] Robin G Q. Wave propagation through fields of pack ice[J]. Philosophical Transactions of the Royal Society, 1963, B255 (255): 313-339.

[19] Squire V A, Robinson W H, Langhorne P J, et al. Vehicles and aircraft on floating ice[J]. Nature, 1988, 333 (6169): 159-161.

[20] Langhorne P J, Squire V A, Fox C, et al. Break-up of sea ice by ocean waves[J]. Annals of Glaciology, 27: 438-442.

[21] Langhorne P, Squire V, Fox C, et al. Role of fatigue in wave-induced break-up of sea ice: a review[J]. Ice in Surface Waters, 1999, 2.

[22] Squire V A, Moore S C. Direct measurement of the attenuation of ocean waves by pack ice[J]. Nature, 1980, 283 (5745): 365-368.

[23] Langhorne P, Squire V, Fox C, et al. Lifetime estimation for a land-fast ice sheet subjected to ocean swell[J]. Annals of Glaciology, 2001, 33: 333-338.

[24] Lange M, Ackley S, Wadhams P, et al. Development of sea ice in the Weddell Sea[J]. Annals of Glaciology, 1989, 12: 92-96.

[25] Wadhams P, Lange M A, Ackley S F. The ice thickness distribution across the Atlantic sector of the Antarctic Ocean in midwinter[J]. Journal of Geophysical Research: Oceans, 1987, 92 (C13): 14535-14552.

[26] Comiso J C. A rapidly declining perennial sea ice cover in the Arctic[J]. Geophysical Research Letters, 2002, 29 (20): 17-1-17-4.

[27] Rothrock D A, Yu Y, Maykut G A. Thinning of the Arctic sea-ice cover[J]. Geophysical Research Letters, 1999, 26 (23): 3469-3472.

[28] Wadhams P, Davis N R. Further evidence of ice thinning in the Arctic Ocean[J]. Geophysical Research Letters, 2000, 27 (24): 3973-3975.

[29] Peters A. The effect of a floating mat on water waves[J]. Communications on Pure and Applied Mathematics, 1950, 3 (4): 319-354.

[30] Keller J B. Gravity waves on ice-covered water[J]. Journal of Geophysical Research: Oceans, 1998, 103 (C4): 7663-7669.

[31] 薛彦卓, 倪宝玉. 极地船舶与浮体结构物力学问题研究综述[J]. 哈尔滨工程大学学报, 2016 (1): 36-40.

[32] Greenhill A. Wave motion in hydrodynamics[J]. American Journal of Mathematics, 1886: 62-96.

[33] Ewing M, Crary A, Thorne Jr A. Propagation of elastic waves in ice. Part I[J]. Physics, 1934, 5 (6): 165-168.

[34] Ewing M, Crary A. Propagation of elastic waves in ice. Part II[J]. Physics, 1934, 5 (7): 181-184.

[35] Evans D V, Davies T V. Wave-ice Interaction[R]. New Jersey: Davidson Laboratory, Stevens Institute of Technology, 1968.

[36] Fox C, Squire V A. Reflection and transmission characteristics at the edge of shore fast sea ice[J]. Journal of Geophysical Research Oceans, 1990, 95 (C7): 11629-11639.

[37] Wadhams P. The Seasonal Ice Zone[M]. New York: Springer, 1986: 825-991.

[38] Fox C, Squire V A. On the oblique reflexion and transmission of ocean waves at shore fast sea ice[J]. Philosophical Transactions of the Royal Society, 1994, A347(1682): 185-218.

[39] Barrett M D, Squire V A. Ice-coupled wave propagation across an abrupt change in ice rigidity, density, or thickness[J]. Journal of Geophysical Research Oceans, 1996, 101(C9): 20825-20832.

[40] Sahoo T, Yip T L, Chwang A T. Scattering of surface waves by a semi-infinite floating elastic plate[J]. Physics of Fluids, 2001, 13(11): 3215-3222.

[41] Teng B, Cheng L, Liu S X, et al. Modified eigenfunction expansion methods for interaction of water waves with a semi-infinite elastic plate[J]. Applied Ocean Research, 2001, 23(6): 357-368.

[42] Sturova I V. Diffraction of surface waves on an inhomogeneous elastic plate[J]. Journal of Applied Mechanics and Technical Physics, 2000, 41(4): 612-618.

[43] Balmforth N J, Craster R V. Ocean waves and ice sheets[J]. Journal of Fluid Mechanics, 1999, 395: 89-124.

[44] Chung H, Fox C. Calculation of wave-ice interaction using the wiener-hopf technique[J]. New Zealand J Math, 2002, 31(1): 1-18.

[45] Tkacheva L A. Hydroelastic behavior of a floating plate in waves[J]. Journal of Applied Mechanics & Technical Physics, 2001, 42(6): 991-996.

[46] Tkacheva L A. The diffraction of surface waves by a floating elastic plate at oblique incidence[J]. Journal of Applied Mathematics & Mechanics, 2004, 68(3): 425-436.

[47] Linton C M, Chung H. Reflection and transmission at the ocean/sea-ice boundary[J]. Wave Motion, 2003, 38(1): 43-52.

[48] Meylan M H, Squire V A. Finite-floe wave reflection and transmission coefficients from a semi-infinite model[J]. Journal of Geophysical Research Atmospheres, 1993, 981(C7): 12537-12542.

[49] Meylan M H, Squire V A. The response of ice floes to ocean waves[J]. Journal of Geophysical Research Atmospheres, 1994, 99(C1): 891-900.

[50] Sturova I V. Unsteady three-dimensional sources in deep water with an elastic cover and their applications[J]. Journal of Fluid Mechanics, 2013, 730: 392-418.

[51] 李春花, 王永学. 波浪传入冰层覆盖水域后的变形[J]. 中国海洋平台, 1999, 14(2): 10-14.

[52] Meylan M H, Squire V A. Response of a circular ice floe to ocean waves[J]. Journal of Geophysical Research: Oceans, 1996, 101(C4): 8869-8884.

[53] Wang C D, Meylan M H. A higher-order-coupled boundary element and finite element method for the wave forcing of a floating elastic plate[J]. Journal of Fluids and Structures, 2004, 19(4): 557-572.

[54] Andrianov A, Hermans A. Hydroelasticity of a circular plate on water of finite or infinite depth[J]. Journal of Fluids and Structures, 2005, 20(5): 719-733.

[55] Andrianov A I, Hermans A J. Hydroelastic behavior of a floating ring-shaped plate[J]. Journal of

engineering mathematics, 2006, 54(1): 31-48.

[56] Bennetts L G, Williams T D. Wave scattering by ice floes and polynyas of arbitrary shape[J]. Journal of Fluid Mechanics, 2010, 662: 5-35.

[57] Montiel F, Squire V A, Bennetts L G. Attenuation and directional spreading of ocean wave spectra in the marginal ice zone[J]. Journal of Fluid Mechanics, 2016, 790: 492-522.

[58] Squire V A, Dixon T W. On modelling an iceberg embedded in shore-fast sea ice[J]. Journal of Engineering Mathematics, 2001, 40(3): 211-226.

[59] Squire V A, Dixon T W. How a region of cracked sea ice affects ice-coupled wave propagation[J]. Annals of Glaciology, 2001, 33(33): 327-332.

[60] Porter R, Evans D V. Scattering of flexural waves by multiple narrow cracks in ice sheets floating on water[J]. Wave Motion, 2006, 43(5): 425-443.

[61] Squire V A, Dixon T W. An analytic model for wave propagation across a crack in an ice sheet[J]. International Journal of Offshore and Polar Engineering, 2000, 10(3): 173-176.

[62] Evans D V, Porter R. Wave scattering by narrow cracks in ice sheets floating on water of finite depth[J]. Journal of Fluid Mechanics, 2003, 484(484): 143-165.

[63] Squire V A. Of ocean waves and sea-ice revisited[J]. Cold Regions Science & Technology, 2007, 49(2): 110-133.

[64] Smith S D, Muench R D, Pease C H. Polynyas and leads: An overview of physical processes and environment[J]. Journal of Geophysical Research: Oceans, 1990, 95(C6): 9461-9479.

[65] Chung H, Linton C M. Reflection and transmission of waves across a gap between two semi-infinite elastic plates on water[J]. Quarterly Journal of Mechanics & Applied Mathematics, 2005, 58(1): 1-15.

[66] Williams T D, Squire V A. Scattering of flexural-gravity waves at the boundaries between three floating sheets with applications[J]. Journal of Fluid Mechanics, 2006, 569(569): 113-140.

[67] Bennetts L G, Squire V A. On the calculation of an attenuation coefficient for transects of ice-covered ocean[J]. Proceedings of the Royal Society A Mathematical, 2012, 468(2137): 136-162.

[68] Williams T D, Squire V A. Oblique scattering of plane flexural–gravity waves by heterogeneities in sea–ice[J]. Proceedings of the Royal Society of London. Series A: Mathematical, Physical and Engineering Sciences, 2004, 460(2052): 3469-3497.

[69] Porter D, Porter R. Approximations to wave scattering by an ice sheet of variable thickness over undulating bed topography[J]. Journal of Fluid Mechanics, 2004, 509: 145-179.

[70] Hermans A. Free-surface wave interaction with a thick flexible dock or very large floating platform[J]. Journal of Engineering Mathematics, 2007, 58(1-4): 77-90.

[71] Williams T D, Squire V A. The effect of submergence on wave scattering across a transition between two floating flexible plates[J]. Wave Motion, 2008, 45(3): 361-379.

[72] Williams T D, Porter R. The effect of submergence on the scattering by the interface between two semi-infinite sheets[J]. Journal of Fluids and Structures, 2009, 25(5): 777-793.

[73] Montiel F, Bennetts L G, Squire V A, et al. Hydroelastic response of floating elastic discs to regular waves. Part 2. Modal analysis[J]. Journal of Fluid Mechanics, 2013, 723(5): 629-652.

[74] Montiel F, Bonnefoy F, Ferrant P, et al. Hydroelastic response of floating elastic discs to regular waves. Part 1. Wave basin experiments[J]. Journal of Fluid Mechanics, 2013, 723: 604-628.

[75] 王永学, 李志军. DUT-1 非冻结合成模型冰物模技术及应用[J]. 大连理工大学学报, 2001, 41(1): 94-99.

[76] 李志军, 王永学, 李广伟. DUT-1 合成模型冰的弯曲强度和弹性模量实验分析[J]. 水科学进展, 2002, 13(3): 292-297.

[77] Meylan M H, Bennetts L G, Cavaliere C, et al. Experimental and theoretical models of wave-induced flexure of a sea ice floe[J]. Physics of Fluids, 2015, 27(4): L24610.

[78] 郭春雨, 李夏炎, 王帅, 等. 冰区航行船舶碎冰阻力预报数值模拟方法[J]. 哈尔滨工程大学学报, 2016, 37(2): 145-150.

[79] 何菲菲. 破冰船破冰载荷与破冰能力计算方法研究[D]. 哈尔滨: 哈尔滨工程大学, 2011.

[80] 季顺迎, 李紫麟, 李春花, 等. 碎冰区海冰与船舶结构相互作用的离散元分析[J]. 应用力学学报, 2013(4): 520-526.

[81] 张志宏, 顾建农, 王冲, 等. 航行气垫船激励浮冰响应的模型实验研究[J]. 力学学报, 2014, 46(5): 655-664.

[82] 刁峰, 陈京普, 周伟新, 等. 极地船舶冰阻力经验模型研究[J]. 中国造船, 2016(2): 38-44.

[83] 黄焱, 孙剑桥, 季少鹏, 等. 大型运输船极地平整冰区航行阻力的模型试验[J]. 中国造船, 2016, 57(3): 26-35.

[84] 王超, 康瑞, 孙文林, 等. 平整冰中破冰船操纵性能初步预报方法[J]. 哈尔滨工程大学学报, 2016, 37(6): 747-753.

[85] 韩端锋, 乔岳, 薛彦卓, 等. 冰区航行船舶冰阻力研究方法综述[J]. 船舶力学, 2017, 21(8): 1041-1054.

[86] 龚榆峰. 极地船舶冰载荷直接计算法研究[D]. 武汉: 华中科技大学, 2017.

[87] 骆婉珍. 碎冰区船-冰-水耦合阻力及伴流场特性研究[D]. 哈尔滨: 哈尔滨工程大学, 2019.

[88] Jeong S Y, Kim H S. Study of Ship Resistance Characteristics in Pack Ice Fields[J].

[89] Luo W Z, Guo C Y, Wu T C, et al. Experimental study on the wake fields of a ship attached with model ice based on stereo particle image velocimetry[J]. Ocean Engineering, 164(SEP. 15): 661-671.

[90] Luo W Z, Guo C Y, Wu T C, et al. Experimental research on resistance and motion attitude variation of ship-wave-ice interaction in marginal ice zones[J]. Marine Structures, 58(MAR.): 399-415.

[91] Ursell F. On the heaving motion of a circular cylinder on the surface of a fluid[J]. Quarterly Journal of Mechanics & Applied Mathematics, 1949, 2(2): 215-231.

[92] Evans D, Linton C. Active devices for the reduction of wave intensity[J]. Applied Ocean Research, 1989, 11(1): 26-32.

[93] Wu G X, Eatock Taylor R. The second order diffraction force on a horizontal cylinder in finite

water depth[J]. Applied Ocean Research, 1990, 12 (3) : 106-111.

[94] Wu G X. Hydrodynamic forces on a submerged circular cylinder undergoing large-amplitude motion[J]. Journal of Fluid Mechanics, 1993, 254 (-1) : 41-58.

[95] Das D, Mandal B N. Oblique wave scattering by a circular cylinder submerged beneath an ice-cover[J]. International Journal of Engineering Science, 2006, 44 (3-4) : 166-179.

[96] Das D, Mandal B N. Water wave radiation by a sphere submerged in water with an ice-cover[J]. Archive of Applied Mechanics, 2008, 78 (8) : 649-661.

[97] Sturova I V. The motion of a submerged sphere in a liquid under an ice sheet[J]. Journal of Applied Mathematics & Mechanics, 2012, 76 (3) : 293-301.

[98] Liu Y, Li H J. Oblique flexural-gravity wave scattering by a submerged semi-circular ridge[J]. Geophysical & Astrophysical Fluid Dynamics, 2016, 110: 1-15.

[99] Brocklehurst P, Korobkin A, Parau E I. Hydroelastic wave diffraction by a vertical cylinder[J]. Philosophical Transactions of the Royal Society, 2011, A369 (1947) : 2832-2851.

[100] Sturova I V. Wave generation by an oscillating submerged cylinder in the presence of a floating semi-infinite elastic plate[J]. Fluid Dynamics, 2014, 49 (4) : 504-514.

[101] Sturova I V. The effect of a crack in an ice sheet on the hydrodynamic characteristics of a submerged oscillating cylinder[J]. Journal of Applied Mathematics & Mechanics, 2015, 79 (2) : 170-178.

[102] Sturova I V. Radiation of waves by a cylinder submerged in water with ice floe or polynya[J]. Journal of Fluid Mechanics, 2015, 784: 373-395.

[103] Tkacheva L A. Oscillations of a cylindrical body submerged in a fluid with ice cover[J]. Journal of Applied Mechanics and Technical Physics, 2015, 56 (6) : 1084-1095.

[104] Das D, Mandal B. Wave scattering by a circular cylinder half-immersed in water with an ice-cover[J]. International journal of engineering science, 2009, 47 (3) : 463-474.

[105] Ren K, Wu G X, Thomas G A. Wave excited motion of a body floating on water confined between two semi-infinite ice sheets[J]. Physics of Fluids, 2016, 28 (12) : 20.

[106] Ren K, Wu G, Ji C. Diffraction of hydroelastic waves by multiple vertical circular cylinders[J]. Journal of Engineering Mathematics, 2018, 113 (1) : 45-64.

[107] Mcnown J S. Waves and seiche in idealized ports[C]. Gravity Waves, 1952.

[108] Kravtchenko J, Mcnown J S. Seiche in rectangular ports[J]. Quart. appl. math, 1955, 13 (1) : 19-26.

[109] Hwang L S, Tuck E O. On the oscillations of harbours of arbitrary shape[J]. Journal of Fluid Mechanics, 1970, 42 (03) : 447-464.

[110] Lee J J. Wave-induced oscillations in harbours of arbitrary geometry[J]. Journal of fluid mechanics, 1971, 45 (2) : 375-394.

[111] Isaacson M, Qu S. Waves in a harbour with partially reflecting boundaries[J]. Coastal Engineering, 1990, 14 (3) : 193-214.

[112] Hamanaka K I. Open, partial reflection and incident-absorbing boundary conditions in wave

analysis with a boundary integral method[J]. Coastal Engineering, 1997, 30(s 3-4): 281-298.

[113] Kumar P, Zhang H, Kim K I, et al. Wave spectral modeling of multidirectional random waves in a harbor through combination of boundary integral of Helmholtz equation with Chebyshev point discretization[J]. Computers & Fluids, 2015, 108(1): 13-24.

[114] Martins-Rivas H, Mei C C. Wave power extraction from an oscillating water column along a straight coast[J]. Ocean Engineering, 2009, 36(6): 426-433.

[115] Dong S, Xi F, Feng W. Numerical investigation of oscillations within a harbor of parabolic bottom induced by water surface disturbances[J]. Applied Ocean Research, 2016, 59: 153-164.

[116] Sawaragi T, Kubo M. The motions of a moored ship in a harbor basin[J]. Coastal Engineering, 1982, 1982: 2743-2762.

[117] Sawaragi T, Aoki S, Hamamoto S. Analysis of hydrodynamic forces due to waves acting on a ship in a harbour of arbitrary geometry[J]. Proc. 8th Intnl. Conference Offshore Mechanics and Arctic Engn, 1989: 117-123.

[118] Takagi K, Naito S, Hirota K. Hydrodynamic forces acting on a floating body in a harbor of arbitrary geometry[C]. Qingdao: The Third International Offshore and Polar Engineering Conference, 1993.

[119] Ohyama T, Tsuchida M. Development of a partially three-dimensional model for ship motion in a harbor with arbitrary bathymetry[J]. Coastal Engineering, 1995: 871-885.

[120] Kumar P, Zhang H, Kim K I, et al. Modeling wave and spectral characteristics of moored ship motion in Pohang New Harbor under the resonance conditions[J]. Ocean Engineering, 2016, 119: 101-113.

[121] Bingham H B. A hybrid Boussinesq-panel method for predicting the motion of a moored ship[J]. Coastal Engineering, 2000, 40(1): 21-38.

[122] Daly S F. Wave propagation in ice-covered channels[J]. Journal of Hydraulic Engineering, 1993, 119(8): 895-910.

[123] Daly S F. Fracture of river ice covers by river waves[J]. Journal of cold regions engineering, 1995, 9(1): 41-52.

[124] Xia X, Shen H T. Nonlinear interaction of ice cover with shallow water waves in channels[J]. Journal of Fluid Mechanics, 2002, 467: 259-268.

[125] Beltaos S. Wave-generated fractures in river ice covers[J]. Cold Regions Science and Technology, 2004, 40(3): 179-191.

[126] Fuamba M, Bouaanani N, Marche C. Modeling of dam break wave propagation in a partially ice-covered channel[J]. Advances in Water Resources, 2007, 30(12): 2499-2510.

[127] Nzokou F, Morse B, Quach-Thanh T. River ice cover flexure by an incoming wave[J]. Cold Regions Science and Technology, 2009, 55(2): 230-237.

[128] Nzokou F, Morse B, Robert J L, et al. Water wave transients in an ice-covered channel[J]. Canadian Journal of Civil Engineering, 2011, 38(4): 404-414.

[129] Korobkin A A, Khabakhpasheva T I, Papin A A. Waves propagating along a channel with ice

cover[J]. European Journal of Mechanics-B/Fluids, 2014, 47: 166-175.

[130] Ren K, Wu G, Li Z. Hydroelastic waves propagating in an ice-covered channel[J]. Journal of Fluid Mechanics, 2020, 886.

[131] Timoshenko S P, Woinowsky-Krieger S. Theory of Plates and Shells[M]. New York: McGraw-Hill, 1959.

[132] Wadhams P. The Effect of a Sea Ice Cover an Ocean Surface Waves[D]. Cambridge: University of Cambridge, 1973.

[133] Hess J L, Smith A. Calculation of Non-Lifting Potential Flow about Arbitrary Three-Dimensional Bodies[R]. Douglas Aircraft Co Long Beach CA, 1962.

[134] Mei C C, Stiassnie M, Yue K P. Theory and Applications of Ocean Surface Waves Part 1: Linear Aspects[M]. Singapore: World Scientific Publishing Co. Pte. Ltd. , 2005.

[135] Li Z F, Wu G X, Ji C Y. Wave radiation and diffraction by a circular cylinder submerged below an ice sheet with a crack[J]. Journal of Fluid Mechanics, 2018, 845: 682-712.

[136] Li Z F, Shi Y Y, Wu G X. Interaction of wave with a body floating on a wide polynya[J]. Physics of Fluids, 2017, 29(9): 19.